我国农户种粮收益问题实证研究

——基于全国农村固定观察点数据

◎孙 昊 著

中国农业科学技术出版社

图书在版编目（CIP）数据

我国农户种粮收益问题实证研究：基于全国农村固定观察点数据/孙昊著．—北京：中国农业科学技术出版社，2015.12

ISBN 978－7－5116－2419－2

Ⅰ．①我…　Ⅱ．①孙…　Ⅲ．①农户—粮食—收益—研究—中国　Ⅳ．①F326.11

中国版本图书馆CIP数据核字（2015）第308343号

责任编辑　李　雪　徐定娜
责任校对　贾海霞

出 版 者　中国农业科学技术出版社
北京市中关村南大街12号　邮编：100081
电　　话　(010)82109707　82105169(编辑室)　(010)82109704(发行部)
(010)82109709(读者服务部)
传　　真　(010)82109707
网　　址　http://www.castp.cn
经 销 者　各地新华书店
印 刷 者　北京建宏印刷有限公司
开　　本　787mm×1 092mm　1/16
印　　张　7.5
字　　数　175千字
版　　次　2015年12月第1版　2018年1月第2次印刷
定　　价　46.00元

自　　序

本书集合了本人近年来对于我国农户种粮收入问题的一些较为系统的思考，算是一个阶段性研究成果。选题、基本分析框架、部分研究内容来自在攻读博士学位期间的研究，部分研究以及关于农户种粮收益与土地规模关系的实证研究，是在农业部农村经济研究中心工作后对于之前的延伸拓展。

我国农户的种粮收益问题也许并不是“三农”领域一个很大的问题。从统计分类的角度看，种粮的经济收入只是农户家庭收入中经营收入中的一部分，且随着城镇化速率不断加快，种粮收入在农户家庭总收入中的比重在不断缩小，种粮收入在农村居民家庭收入中的贡献不断降低。那么研究这样一个小问题是否有意义呢？我为什么要花如此笔墨进行实证分析呢？在成书之时回头去想，我觉得选题的原因可以归纳为两个方面的考虑。

首先，我认为农户的种粮收益问题是农民收入与粮食经济两个问题的结合点，两者都是我比较感兴趣的研究话题。在攻读博士学位期间，我对粮食经济与生产经济学比较感兴趣，平时关注积累的素材较多。对农户种粮收益问题展开研究，能使我同时对农民收入、粮食经济两个问题同时有所把握，可使我学术训练伊始，便切入到相对开阔的研究领域，这无疑对于提高我的研究视野是有益的。随着对农户种粮收益问题思考的不断深入，我陆续接触到农业成本收益、土地问题、农业适度规模经营、农产品市场价格形成机制、农业补贴支持政策等目前农业经济领域的方方面面现实问题，研究农户种粮收益这样一个小问题起到了纲举目张，带动我的研究体系不断拓展深入下去的作用，为我的学术研究生涯开了一个好头。

其次，对于农户种粮收益问题进行定量实证研究与我的研究所长相契合。多少受到经济学领域实证主义盛行的影响，求学期间我所受的经济学以新古典经济学思想为主，接受定量分析与实证主义研究方法的训练相对较多，我也很乐于对我国“三农”问题进行一些基于数据的实证分析。基于全国农村固定观察点体系完整且详实丰富的农户微观数据，我可以将所学到的实证分析方法加以实践应用。“学而时习之，不亦说乎”，该问题本身很有研究意义，加之利于应用我掌握的研究方法，是我能够将研究坚持下来的重要原因。

本书的思路大体上是从农业要素产出贡献与市场价格条件两个方面来分析讨论农户种粮收益的影响因素。从结构框架上看，第一章是引言，介绍研究的背景与目的、方法与思路等；第二章是对前人对这一问题研究进行综述梳理，并提出一个自己的研究思路框架。第三章基于公开出版物的总量数据，对我国农户种粮成本收益的历史特征进行宏观分析；第四、五章利用全国农村固定观察点数据对于生产要素、市场价格等具体因素如何影响农户种粮收益进行微观研究；第六章是针对农户种粮经营中土地规模与亩均经济效益关系的系统研究，是对土地要素对种粮收益影响内容的扩展；第七章对前文研究进行总结。

在全书的写作过程中，我的博士研究生导师、中国农业大学教授郑志浩老师，自始至终给予了大量无私的鼓励与实际指导。在我求学期间，他花费了大量的时间帮助我选题与指导写作，在我毕业参加工作之后，我们仍经常就书中涉及的相关问题、理论、方法、拓展研究的内容，进行真诚、充分、卓有成效的讨论。无论是言教还是身教，郑老师对于本研究给予的贡献是难以估量的，特此致以真诚地感谢！此外，感谢农业部农村经济研究中心的各位领导与同事的无私帮助，若没有农村固定观察点的微观数据支持，没有各位同仁的鼎力协助，我的实证研究工作是无法开展的。最后，我要感谢中国农业科学技术出版社的责任编辑，是你们付出了辛勤的汗水，拙作才能够顺利出版面世，特此一并致谢。

受本人研究水平所限，书中错漏不足之处还请读者批评指正。

著　者

2015 年 10 月

目　录

contents

第一章

导　论　/ 1

一、研究背景与意义　/ 1
二、相关概念与研究对象界定　/ 4
三、研究目标与研究内容　/ 5
四、研究方法、数据来源与技术路线　/ 5

第二章

相关研究进展与理论分析框架　/ 7

一、引　言　/ 7
二、文献综述　/ 7
三、理论分析框架　/ 16

第三章

我国农户种粮收益的变化特征与现状　/ 21

一、引　言　/ 21
二、我国粮食生产现状与历史变迁　/ 21
三、我国粮食价格的变化特征　/ 26
四、我国粮食生产成本的变化特征　/ 29
五、我国粮食生产成本收益的变化特征　/ 35
六、小　结　/ 38

第四章

土地规模对农户种粮收益的影响 / 41

一、引　言 / 41
二、分析框架与模型设定 / 42
三、异方差与多重共线性问题的处理 / 45
四、变量设定与数据 / 46
五、粮食生产投入产出与土地规模报酬 / 50
六、土地规模化对平均成本的影响 / 56
七、土地规模化对土地产出率的影响 / 56
八、小　结 / 57

第五章

粮食价格与要素价格对农户种粮收益的影响 / 59

一、引　言 / 59
二、模型设定 / 60
三、数据选择与变量设定 / 64
四、变量统计性特征 / 67
五、估计结果 / 71
六、要素价格与产品价格对粮食产量影响研究 / 76
七、要素的边际报酬率研究 / 78
八、小　结 / 82

第六章

土地规模与土地产出效益关系研究 / 85

一、引　言 / 85
二、农户家庭经营土地规模特征 / 86
三、种植业生产成本收益特征 / 88
四、农户种植业土地产出率与土地规模的关系 / 90

五、亩均纯收入与土地规模反相关的实证检验　/ 94
六、小　结　/ 101

第七章

结论与政策建议　/ 103

一、研究结论　/ 103
二、政策建议　/ 105

参考文献　/ 107

第一章　导　论

一、研究背景与意义

如何促进粮食增产，保障粮食充分供应，是确保我国粮食安全的重要课题。保障粮食供给安全关乎着经济发展的命脉，是社会可持续发展的基础，是政府在解决农业发展问题方面的关注核心。近十年来，我国粮食产出量总体状况向好，自2004年至2012年，我国粮食生产总量连年增加，粮食累计增产1 405亿千克，年均增产175亿千克，是新中国成立以来增产幅度最大的时期之一。但是，粮食总产量不断上升的背后也潜伏着问题。随着生活水平的不断提高，城乡居民的饮食结构由对粮食的直接需求向对肉禽蛋奶大量需求的方向转变，直接导致了耗粮畜牧业对饲料用粮的增加以及对有限的耕地资源的挤占，造成了我国粮食与耕地紧平衡的状态，我国粮食自给率大幅度下降的趋势明显。2012年粮食进口大约为7 800万吨，粮食自给率将再度下降到90%以下，远远低于《国家粮食安全中长期规划纲要（2008—2020年）》的规划目标①。

粮食供需压力背后是我国农业可持续发展中存在的隐忧：一方面，我国人均可支配的农业生产资源过低。2009年，我国人均耕地面积为1.38亩，不足世界平均水平的一半，人均拥有水资源2 100立方米，仅为世界平均水平的1/4，自然资源的稀缺有限是我国农业面临的基本国情，极大地束缚了我国粮食增产潜力。另一方面，农业生产主体正趋于老龄化。2006年末，我国农业从业人口约为3.4亿，但其中51岁以上者所占比例为32.5%，而1996年这一比例仅为18.1%，农业人口老龄化现象凸显②。我国庞大的人口基数与二元经济社会结构，注定了城镇化与工业化趋势需要持续较长的历史时期，基本国情难于发生改变，成为阻碍粮食供应水平进一步提高的长期不稳定因素。

国家出台了诸多政策来保障粮食供应的安全。在调动生产积极性方面，政府推动落实粮食生产的补贴扶持政策，包括综合收入补贴政策、专项生产性补贴政策、最低收购价格与保护价格政策等，希望通过降低种粮成本，提高种粮利润，激励农户的生产积极性，提高粮食生产水平。在发展生产力方面，政府努力加大农业科技研发以及新技术推广力度，

---

① 《国家粮食安全中长期规划纲要（2008—2020年）》规定，2008—2020年间，我国粮食自给率基本保持在95%以上，稻谷、小麦和玉米为100%的水平

② 数据来源：根据《第二次全国农业普查主要数据公报》整理

努力加强农田水利建设，提高防灾减灾支持力度以降低农业生产的自然风险。同时，政府还下大力气对农业生产关系进行调整，通过完善家庭生产承包责任制度，建立发展土地流转制度，在有条件的地区发展新型农业经营主体，推动粮食生产的适度规模化经营。尝试通过土地流转集中，在有条件的地区推动粮食生产达到适度规模，利用农业现代化技术进行专业化生产，提高劳动生产率，兼顾达成农民增收与粮食增产的双重目的。很多政策经过现实检验，被证明是成功的，诸如家庭联产承包责任制对农民生产积极性的激励，农业科技的迅速发展极大提高了我国粮食生产能力等。但也有一些政策的实施效果不十分明确，需要进一步积累丰富研究素材，诸如现行的粮食直接补贴政策对产出水平的影响。

对于粮食增产，政府的出发点在于宏观上保障粮食供给安全，而微观农户首要关心的问题在于如何最大化家庭收入，两者出发点并不一致。从动机上讲，农民愿意扩大种植规模为的是获得更多的纯收益，降低单位产品的成本或者提高粮食产量并不是其目标，如果条件允许的话，农户更愿意生产经济效益更高的非粮食作物（朱希刚，1990）。农户放弃种粮，进城务工的原因在于从非农行业获得的收入高于农业。2011 年，农村居民人均纯收入为 6 977 元，其中，农业经营纯收入为 1 897 元，仅占 27.2%，农民收入主要部分已来自于非农业。2006 年末全国农业经营户中以农业收入为主的占 58.6%，相比 1996 年下降了 7.2 个百分点，表明农户兼业化与收入来源多样化趋势明显。同样，农民放弃种粮，流转集中土地以种植经济作物，在于经济作物的比较收益较高。2012 年，我国稻谷、玉米和小麦等三种主要粮食作物的每亩平均净利润为 168 元，仅为油料作物净每亩收益的 56.8%，糖料作物的 37.9%，大中城市蔬菜的 6.9%，种粮的比较效益较差造成土地流转存在非粮化的趋势①。而在劳动力转移程度较为充分，人均耕地资源较为丰富的地区，通过土地流转集中，耕地资源由经营效益较差的农户手中流入到经营较好的农户手中，生产资源禀赋得到了优化配置，使得粮食生产具有较高的劳动生产率，能够带来较高的经济效益，因此促使很多农民乐于参与到粮食生产中。可见，在某些情况下农民增收的需求与促进粮食生产会形成了冲突，在某些情况下两者又能相互促进得到兼顾，其根本原因取决于政府促进粮食增产的宏观政策，能否顺应农民提高收入的需求。

提高粮食生产收益，将实现政府的宏观目标与农户的微观诉求统一在一个框架下，可为兼顾提高农民收入与保障粮食供给安全提供了重要思路。农户进行粮食生产所获得的比较效益得到提高，会激发他们参与生产的积极性，将有限的耕地资源用于粮食生产中，激励他们通过改进生产技术提高产出水平，在实现增产的基础上实现家庭增收。提高农民种粮收益，对政府而言是促进粮食增产保障供给安全的重要手段，对农户而言是增加家庭粮食产量的主要目标，因此，研究种粮收益对解决粮食供给安全与农民收入增加等现实问题具有重要意义。

---

① 数据来源：文中数据，根据《中国统计年鉴 2013》《全国农产品成本收益资料汇编 2013》《第二次全国农业普查主要数据公报》中相关数据自行收集整理。

就种粮收益问题本身而言，价格对于提高种粮收益具有关键作用。从成本收益的角度对收益进行分解可知，农户的种粮收益直接相关于两个因素，一是粮食生产总产值，二是粮食生产总成本，两相作差便可求出种粮的利润。其中，总产值由农户家庭粮食产量与粮价所决定的，总成本由粮食生产的各要素投入数量与要素价格决定，粮食价格与要素价格通过影响总产值与总成本进而影响着农民种粮收益的多寡。此外，若考虑多个生产周期，前一期的市场价格因素，会对本期农户的收益预期与生产决策产生影响，造成农户家庭的要素投入调整改变，进而影响产量水平，从而间接影响种粮收益。由此可见，价格能够从“价格—产值—成本—收益”与“价格—产量—收益”两条路径对种粮收益水平产生影响，无论何种路径中要素与产品市场价格都是种粮收益的重要决定因素，分析种粮收益问题离不开对价格因素的研究。

除价格之外，土地规模对于农户的种粮收益也起着重要作用。我国粮食生产以小规模家庭经营为主，粮农是价格的接受者，市场的价格条件对于他们而言属于外生，农户需通过提高粮食产量来增加家庭粮食生产的收益。耕地资源是粮食生产的物质载体，是决定产量水平的最重要的投入要素，扩大农户家庭经营土地面积规模，伴随着其他要素投入同步上升，可以迅速提高农户家庭总产量，提升粮农的劳动生产率，从而增加种粮收入。因此，土地投入对于提高农户粮食产量的重要意义，是种粮收益的关键影响因素之一。自20世纪80年代末，在家庭承包责任制确立的基础上，政府着手土地规模经营试点，并在此后的20年间逐步建立健全土地流转政策体系。近年来，政府明确提出在有条件的区域号召推动粮食生产适度规模化经营，其目的便在于通过鼓励土地适度规模化，以提高劳动生产率，进而增加农户的种粮收益，提高种粮积极性以确保国家粮食供给安全。2014年“中央一号文件”明确指出，完善土地家庭承包责任制度、推动土地适度规模化经营与培育新型农业经营主体等政策构成了我国新型农业经营政策体系，以应对解决城镇化、工业化、农业现代化同步推进背景下“三农”所面临的新问题。土地规模既是农民提高种粮收益的重要影响因素，又是农业与农村发展的关注热点，讨论土地规模变动对产量与收益的影响顺应了构建新型农业经营体系的思路，具有一定的现实意义。

研究粮食价格、要素价格及土地规模对农户种粮收益的影响，可引申出三方面问题：第一、土地规模扩张会增加种粮收益吗？第二、产品价格与要素价格变动对粮食产量有何影响？第三、产品价格与要素价格变动对种粮收益有何影响？本文以解答以上3个问题作为线索，从土地规模与价格条件两方面入手，对农户种粮收益的影响因素及其相互关系展开深入研究。

本研究的政策与学术意义在于：首先，种粮收益问题本身，是兼顾我国农民增收与粮食增产二元目标的解决思路，对该问题的研究可以对我国现行促进粮食增产与农民增收的政策提出针对性的建议。研究结论对于处理解决土地流转过程中的非粮化，适度规模化经营、新型农业主体创新、以及粮食生产老龄化与兼业化等现实问题具有一定的现实意义。其次，从价格与土地规模等两个方面研究农户种粮收益的问题，在学术方面充实了前人对于相关问题的研究。

二、相关概念与研究对象界定

（一）种粮收益的概念

“收益（benefit）”从字面上翻译，可被理解为好处。相比“收入（income）”与“利润（profit）”等概念具有明确的经济学意义，该词并非一个规范的经济学术语。从历史上看，亚当·斯密在《国富论》中将收益定义为“那部分不侵蚀资本的可予消费的数额”，即把收益看作是财富的增加。此后，马歇尔在《经济学原理》中将亚当·斯密关于收益的概念引入企业，提出区分实体资本和增值收益的经济学收益思想。费雪在《资本与收益的性质》一书中，从收益的表现形式上分析了收益的概念，提出了三种不同形态的收益：精神收益——精神上获得的满足；实际收益——物质财富的增加；货币收益——增加资产的货币价值。三种收益概念中，精神收益过于主观，难以用客观的标准计量；实际收益过于笼统，难于应用分析具体问题；货币收益则在币值稳定的情况下可较为容易的进行计量，易被采用于经济分析中。

在本书中，种粮收益被视为粮食生产行为过程带给生产者物质财富的增加，或资产增加的货币价值。在实证研究中，收益可具体从利润与利润率两方面概念加以描述。所谓利润，是在可被货币计量的条件下，生产总收入扣除总成本后的差额部分，能够反映出收益变动的绝对程度。而利润率等于利润与总成本之商，也可被称为生产的成本收益率，能够反映出收益变化的相对程度。现阶段我国农业生产经营多以家庭劳动力为主，很多地区粮食生产所谓利润中包含了难于被分离的家庭农业劳动力工资。在对家庭劳动力工资进行充分估算替代的情况下，种粮收益可以等同于其他产业中利润或利润率概念。但在家庭劳动力工资未被估算替代的情况下，种粮利润应仅指家庭粮食生产经营中总收入减去可核算的成本所得差额部分，而种粮利润率仅反映可核算成本下种粮利润的变化，以此来描述农户通过生产粮食实现财富增加的程度。

（二）研究对象

我国粮食作物以谷物为主，而谷物中包括稻谷、小麦、玉米以及其他谷物。本书中对于种粮收益问题的研究，主要针对考察我国稻谷、小麦和玉米 3 种粮食作物的产量与收益情况。研究的总体目标在于，利用全国固定观察点大样本微观住户数据，并结合统计年鉴宏观数据，采用实证研究的方法，量化分析土地规模、粮食价格及要素价格对农户种粮收益的影响。

我国主要粮食作物投入产出数据来自于历年国家统计局的《中国统计年鉴》《中国农村统计年鉴》《新中国六十年农业统计资料》以及农业部《中国农业年鉴》等。成本收益方面的数据主要来自于历年国家发展改革委员会《全国农产品成本收益资料汇编》。本书中用于实证研究的数据，主要来自于农业部2010年与2003年农村固定观察点的微观住户数据库中家庭生产投入方面的调查数据。

三、研究内容与篇章结构

第一章，导论，介绍研究背景与意义，并提出研究目标与篇章结构。

第二章，对粮食生产收益问题的相关文献进行分类梳理，评价前人研究的创新之处与不足，指出了研究方向与学术意义，并在此基础上提出本研究的理论分析框架。

第三章，借助宏观数据，对我国改革开放以来粮食产量、价格以及成本收益历史变迁特征进行宏观描述分析。

第四章，利用全国农村固定观察点的微观住户数据，对现阶段粮食生产中土地规模变动对种粮收益的影响进行实证研究。

第五章，利用全国农村固定观察点微观住户数据，实证分析研究价格对于我国粮食产量与种粮收益的影响。

第六章，利用全国农村固定观察点的微观住户数据，对现阶段种植业生产中土地规模变动对土地产出率的影响进行实证研究。

第七章，结论与政策建议。针对之前各章节研究成果进行总结，并提出提高农户种粮收益的政策建议。

四、研究的一些创新点

研究思路上，以往对于种粮收益问题的研究，多立足于农民增收，从成本收益的角度进行分析。本研究从国家保障粮食供给安全的角度讨论种粮收益问题，将提高种粮收益与促进粮食生产结合在一起，使文章的政策意义得到加深。此外，本研究首先进行理论分析，建立了理论分析框架，并在利用宏观数据采用成本收益方法描述分析的同时，从农户生产的角度利用微观数据量化分析价格与土地规模等关键因素对收益的影响，为提高种粮收益的研究提供了新的思路。

研究数据上，对全国范围种粮收益问题的研究，以往多采用公开出版物的宏观统计数据，由于数据质量有限，信息不够丰富，制约了研究方法的使用。采用微观数据实证研究的文章，多集中于某时某地的调查，受制于样本数量，使得研究结果缺乏代表性。本研究采用全国较大样本的微观住户数据对我国种粮收益问题进行实证研究，样本数量较大，涉及近万户的粮食生产信息，涵盖全国各主要粮食生产地区，从而提高了计量研究结果的可靠性，研究结论更具有代表性与科学性，进一步充实了对于相关问题的实证研究。

研究方法上，前人对于粮食供给反应的研究中，多采用时间序列数据进行计量分析。时间序列数据的优势在于可以反映动态因素带来的影响，劣势在于样本量往往不够充分，影响了计量研究的可靠性。本书借鉴前人研究文献，利用间接结构性方法，基于样本数量较多的截面数据，推导计算出我国粮食生产的产品价格弹性与要素价格弹性，并计算了粮食生产中不同要素投入的边际产出量与边际报酬率，为我国利用截面数据研究供给反应问题提供新的方法选择。

第二章　相关研究进展与理论分析框架

一、引　言

种粮收益问题是学术界关心的热点，相关研究较多并涉及诸多农业与农村发展方面的其他问题。仅就我国种粮收益问题而言，较多研究倾向于从两个角度加以展开讨论：一是从成本收益分析的角度，研究改革开放以来我国种粮成本与收益的变迁特征、现状以及影响因素。此类研究在数量上较多，既包括基于历史数据的描述性分析，也包括基于微观数据的实证研究。二是从政策效果评价的角度，分析农产品价格市场化改革以及政府支持补贴政策对于粮食生产与收益的影响。特别是自 2004 年以来，针对粮食补贴政策在粮食增产与农民增收中作用的研究较为充分。本研究结合研究需要，将对我国种粮成本收益研究、粮食补贴对粮食生产影响、价格对粮食生产影响、粮食生产的规模报酬以及土地规模对单产影响研究等方面，对涉及种粮收益问题研究文献进行梳理，并进行评述。在文献综述的基础上，本研究尝试构筑新古典利润模型，探讨种粮收益的影响因素与作用机制，为全书建立理论研究框架。

二、文献综述

（一）粮食生产成本收益研究

对于粮食生产成本收益特征的分析，多基于各类统计年鉴数据，从成本收益构成角度对各组成部分的变化特点进行描述性分析。马晓河（2011）较为系统的分析了我国农产品成本收益的变化特征。1998—2011 年，粮食、大豆、油料、棉花、糖料、蔬菜 6 类农产品收入增长的主要贡献来自价格上涨；多数农产品纯收益都明显增长，其中，粮食收益是最低的，粮食与其他农产品的收益关系恶化了。在 6 类农产品中，多数农产品生产成本的增长速度都快于收入的增长速度。种子、化肥、机械作业、土地、劳动等成本增加是农产品生产成本上升的主要推动力量。

闵锐（2011）以湖北省为例，主要利用《湖北农村统计年鉴》和《湖北农业统计年鉴》数据对该省粮食生产的绝对收益与相对收益，以及粮食生产效益的影响因素进行分析。结论表明，粮食收益较低的主要原因是粮食价格较低和种粮机会成本过高。农户趋向于离开粮食生产，造成要素投入不足或质量不高的问题，成为粮食安全的隐患。

康磊（2012）利用宏观统计年鉴数据，分析了自1979年以来山东省粮食生产成本收益的变化情况及主要影响因素。研究表明，改革开放以来山东省粮食总产值处于整体上升状态，但种粮收益水平较低。粮食生产收益的变化对粮食产量具有显著影响。提高粮食价格可以有效增加种粮农民收益，提升农民种粮积极性，进而促进粮食生产。

李鹏等（2011）依据陕西省1984—2008年的成本收益数据，对平均净收益与其主要影响因素的关系展开协整分析。价格上涨是粮农增收的关键因素，粮食单产水平提高是促进粮农增收的极具潜力的重要途径，而物质与服务费的上涨是阻碍粮农增收的主要因素。

李宁（2008）以改革开放30年来我国粮食生产成本变化趋势及其影响要素为研究对象，分析市场经济体制下我国粮食生产成本的变化规律。结论认为，小规模家庭经营的生产方式，难于承担单产提高所造成的成本上升，单产提高必然导致粮食生产成本长期上升的趋势；物质费用高、耕地资源减少和农业成灾率高，是导致粮食生产成本上升的重要因素；减免农业税等惠农政策，起到了减缓粮食生产成本上升的积极作用；只有扩大土地生产经营规模，才是有效降低粮食生产成本的根本途径。

卢向虎等（2008）以河南农业厅基点县调查数据、河南省固定调查点数据、实地调查的典型农户数据3个方面的数据，研究了农户小麦生产的成本收益变动情况。研究表明，国内小麦价格上涨不是需求拉动的，主要是成本推动的；小麦及小麦制品价格上涨更主要发生在生产环节之外；化肥、机械作业费等生产资料费用上涨抵消了小麦价格上涨，造成农户种粮收益有所下降。

部分学者利用宏观时间序列数据，对种粮收益的影响因素进行计量分析。彭克强（2009）依据稻谷、小麦、玉米在1984—2007年的成本收益数据，分别对各自亩均实际收益与其主要影响因素之间的关系进行协整分析。研究发现：提高粮食价格是促进粮农增收的关键因素，提高粮食单产也是促进粮农增收的重要因素，而物质与服务费的稳定增长是阻碍粮农增收的主要因素；测算表明，此间粮食价格和物质与服务费二者之间不存在明显相关关系。

曾福生和戴鹏（2011）利用稻谷、玉米和小麦在1990—2008年成本收益数据，从弹性和贡献率两个方面就各因素对粮食生产收益的影响进行了分析。分析结果表明：无论是从弹性还是贡献率的角度，价格是影响粮食生产变动最为关键的因素，其对于净利润的贡献率在40%以上，远大于其他因素对收益的影响；其后依次排序为：物质与服务费用、单产和政策性成本。虽然提高粮食单产依旧是促进粮食生产收益提高的重要手段，但作用有限；而物质与服务费用的稳定增长则是阻碍粮食生产收益提高的主要因素。

贾兴梅（2012）利用稻谷、小麦、玉米在1978—2010年的成本收益数据，通过构建计量模型研究了各种成本因素对农民种粮收益的影响。结论表明，人工成本的变动对种粮收益的变动影响最大，其次为物质服务费用和土地成本。

（二）粮食补贴对粮食生产影响研究

粮食补贴政策对提高农民的种粮积极性，促进粮食生产起到了重要作用。自2004年以来，政府取消农业税，开始全面对粮食生产进行补贴，至2013年粮食总产量实现了10连增。粮食补贴可以提高农户家庭的收入水平，但粮食补贴对于粮食增产影响程度到底有多大，特别是粮食直接补贴在增产中的作用，实证研究中并没有取得一致看法。

部分学者认为粮食补贴对于粮食产出的提高具有显著正向促进作用。张照新和陈金强（2007）认为2004年以来我国初步形成了综合性收入补贴、专项性生产补贴以及最低收购价政策相结合的种粮补贴政策框架，粮食补贴政策对恢复粮食生产、促进农民增收起到了明显的成效。吴连翠和谭俊美（2013）基于粮食主产区安徽省的农户实地调查数据，构建扩展的C-D生产函数测算粮食补贴政策对农户粮食增产的贡献。结果显示，粮食补贴政策可以通过影响农户的种植决策行为和投资决策行为来影响农户的粮食生产行为，若亩均粮食补贴水平提高100%，将使农户的粮食产量增量提高5.6%。陈慧萍等（2010）利用2004—2007年分省粮食生产数据，对土地、资本、劳动投入和自然灾害对产量的影响情况进行定量分析，就粮食补贴政策对土地和资本投入的影响情况进行实证研究。结论表明，粮食补贴政策主要通过影响播种面积和资本投入两种途径，对粮食生产起到了正向促进作用；补贴对资本投入和对播种面积两种途径影响产量的效果大致相当，对资本投入产生的影响显著；在粮食主产区，补贴对资本投入的影响十分显著。

另外一些学者认为粮食补贴部分弥补了农民的生产成本，对实现家庭增收具有积极意义，但对其在粮食增产中的作用持审慎态度。臧文如等（2010）从理论和实证两方面研究了财政直补政策对粮食数量安全的影响。在实证研究过程中，利用灰度关联性方法，基于2002—2009年相关数据。结果表明，现行的粮食财政补贴政策对保障粮食数量安全确有重要作用，但不能高估作用程度。其中，目前实施的粮食直接补贴政策在4项补贴政策中效果最差，很难有效促进粮食增产、保障粮食自给率与农民种粮积极性的提高的作用。生产性专项补贴政策的总体效果优于综合性收入补贴政策，在提高粮食产量和提高农民种粮积极性方面更有成效。

肖琴（2011）利用微观调研数据和计量分析系统的研究了中国粮食补贴政策的效应。结论表明，尽管当前的粮食补贴政策能够提高农户的生产积极性，但是农业部门的比较收益较低，农户将拿到的补贴直接用于农业生产的比例不大，因此粮食补贴政策对粮食增产作用并不显著。粮食补贴政策仅在提高农户的心理满足程度和福利水平方面起到了积极作用。

马彦丽和杨云（2005）基于河北391户农民的实地调研，对我国2004年推行的粮食直接补贴政策对农户种粮意愿、农民收入和生产投入的影响进行研究。结果表明，粮食直补政策对农户的种粮面积扩大、农民收入的增加均影响较小；对农户要素投入水平没有影响。粮食直补不能代替价格支持，直补政策的有效性不能被高估。

钟玲等（2012）采用固定效应面板数据模型，利用2004—2010年13个粮食主产省份的宏观面板数据，实证分析了粮食直接补贴政策对我国粮食生产的影响。结果表明，粮食补贴因素并对粮食产量的影响并不明显。

侯明利（2009）系统分析了粮食补贴的理论以及我国粮食补贴的政策体系，并对其实施效果进行了实证研究。基于对于2005年河南省600个产粮户的问卷调查数据进行计量分析表明，粮食补贴数额上对粮食产量没有显著促进作用，可能的原因在于补贴数额不够高，补贴力度不强。利用2004—2006年13个粮食主产区的宏观面板数据实证分析，发现对于提高农民收入，粮食补贴起到了十分显著作用。

王姣和肖海峰（2006）利用实证数学规划模型，基于河北、河南和山东3省5个县340户农户调查数据，定量分析了粮食直接补贴政策，在不同补贴形式，不同补贴标准下对粮食产量和农民增收的影响，结论显示，无论哪一种补贴方式，在当前补贴标准下对粮食产量的影响都不大。但随着补贴标准的提高，农户粮食产量将会增加。从对农民收入的影响来看，如果提高补贴标准，农户的种植业收入会显著提高。

刘俊杰（2008）采用省级宏观面板数据研究表明，粮食直补无论是按销售数量发放还是按面积发放，对于小麦、玉米和早籼稻产量均无显著影响。

刘连翠和陆文聪（2011）采用实地调研数据研究发现，粮食直补对于粮食增产无显著影响，专项生产补贴对于产量具有微弱的积极效应，但程度上远低于产品价格与生产成本所施加的影响。

李鹏和谭向勇（2006）基于安徽省250户样本的实地调研数据，实证研究了粮食直补政策对粮食生产净收益的影响。结果表明，直接补贴政策对提高农民种粮净收益有一定的作用，但作用程度较小。

（三）价格对粮食生产影响研究

Zhuang and Abbott（2007）基于中国统计年鉴和联合国粮农组织所提供的宏观时间序列数据，构建联立方程组模型，利用AIDS模型与迭代似不相关估计方法，实证分析1978—2001年间小麦、玉米、稻谷、猪肉和家禽的供给与需求的价格、收入、与贸易弹性，借以讨论价格与收入因素对我国主要农产品国内外供需的影响。就供给弹性的研究结果表明，这一时期我国小麦、玉米和稻谷的自价格弹性分别为0.32、0.17和0.28，仅稻谷生产受价格影响较为显著，整体上价格对于粮食供给的影响作用并不明显。

Rozelle and Huang（2000）构建动态的生产、劳动和土地投入联立方程组模型，利用1985—1995年我国分省面板数据，实证研究了粮食价格对小麦、玉米和经济作物产量的影响。其中，三者产出供给的短期自价格弹性分别为0.05、0.29和-1.78，小麦生产对于价格变动的反应不敏感。文章认为，政府对于农田灌溉设施与科技研发的投入，是导致粮食产出水平提高的主要因素，远高于价格所带来的作用。

Yu and Liu（2011）利用1998—2007年河南省108个镇级粮食生产面板数据，构建

Nelove 供给反应模型，实证研究农产品价格、居民工资收入以及农业支持补贴数额，对小麦、玉米和棉花的播种面积与单产的影响。结果显示，冬小麦、夏玉米和棉花的自价格弹性分别为 -0.01，0.74 和0.43，价格对于玉米和棉花种植面积的提高具有积极影响；农村居民的工资性收入提高，会削弱农民的生产积极性，造成农产品的播种面积和单产水平出现降低；农业补贴对促进粮食生产在统计上具有显著的积极意义，但对于播种面积与单产的相关系数较小，均小于0.01。种粮补贴没有有效转化到生产促进中，而是直接转化为提高农民家庭收入是补贴效率较差的原因。

Chatka and Seale（2001）利用1970—1997 年28 省的分省面板数据，构造联立方程组模型，讨论了滞后一期粮食价格与预期粮食价格风险对于中国粮食产量的影响。研究结果表明，考虑到生产条件与消费情况模型系统下，粮食供给（播种面积）的粮食自价格弹性的估计值为0.40；仅考虑价格影响的单方程模型下，粮食供给（播种面积）的自价格弹性估计值为0.17。预期的价格风险对于粮食生产具有不利影响，而家庭联产承包责任制的推行对于粮食供给的影响并不大。

王德文和黄季焜（2001）利用浙江、江苏、四川三省25 个粮食主产县1971—1997 年的水稻生产数据，分别构建Naive 模型（幼稚价格预期模型）和Nerlovian 模型（适应性价格预期模型)，讨论了定购价格与定购数量对于粮食产量的影响。结果表明，定购价格对粮食产出的边际影响在0.04 左右；定购数量对产出的影响在0.4～0.8。定购价格对于产出的影响小于定购数量的影响，后者通过影响粮食播种面积和单产发挥作用。其中，定购数量对于播种面积有正向作用，对单产有负向作用。

蒋乃华（1998）利用局部均衡模型，研究了1978—1996 年我国粮食价格变动对产量波动的影响。研究结论表明，粮食零售价格对产量的供给弹性为0.184，在统计上并不显著。三方面原因造成我国粮食供给弹性偏低：其一，耕地总量有限造成土地投入具有刚性；其二，农业剩余劳动力规模较大造成劳动力投入具有准固定性；其三，种粮的机会成本较高导致对可变投入吸引力不强。三者共同作用，导致粮食生产中要素投入对价格反应不敏感，从而削弱了价格对供给的影响。

孙娅范和余海鹏（1999）利用时间序列分析方法，分析了1981—1996 年粮食价格和粮食产量之间的内在联系及粮食价格对粮食产量的弹性。结论表明，粮食价格与粮食产量存在因果关系，在统计上滞后期价格决定了本期粮食产量。相比较而言，粮食收购价格对粮食产量的影响要大于对粮食市场零售价格的影响。

张治华（1997）利用统计年鉴的宏观数据，研究了1979—1996 年，粮食价格与粮食产量的互动关系。研究表明，价格对我国粮食生产增长起着明显的调节和促进作用，而粮食产量也引起价格的波动。二者的关系表现为：价格提高刺激产量增长→产量增长到一定程度后供给相对过剩导致价格下跌→价格下跌引起产量下降→产量下降造成的供给紧张重新迫使价格上涨和提高→价格上涨和提高再次刺激产量增长。同时，粮食增产与农民收入密切相关，并提出“价格对粮食生产影响的实质是价格变化带来的利润和收入的变化对粮食生产的影响”的论断。

何蒲明和黎东升（2009）利用时间序列数据，研究了1983—2006年间我国粮食价格对粮食产量的波动情况及相互关系。结果表明，上期、本期和后期价格与本期粮食产量的相关系数分别为0.86、0.87和0.8。格兰杰因果检验表明产量与价格波动有密切的关系，价格是产量变化的重要原因。

范垄基等（2012）依据2002—2010年我国稻谷、小麦和玉米3种主要粮食作物主产省份的面板数据，并加入相关替代品的价格和政策虚拟变量，采用Nerlovian模型，测算了三种粮食作物播种面积对价格的供给反应。结果表明，粮食播种面积对自身滞后期价格价格的反映显著，稻谷、小麦和玉米播种面积对前一期自身价格的弹性分别为0.23、0.16和-0.02；粮食作物之间替代价格对粮食播种面积不具有影响；农业补贴政策对粮食播种面积增加会起到了积极作用。

王莉和苏祯（2010）使用全国农村固定观察点微观农户调查数据，描述分析了1995—2008年农户的粮食种植面积与粮价的相关性，并基于2006—2008年的稻谷生产户的面板数据构建单方程供给反应模型，测算农户面积的自价格弹性。研究发现：农户粮食种植面积变化与粮价的波动存在相关性；稻谷播种面积对稻谷价格弹性为0.17，对稻谷生产收益的弹性为0.19，整体上农户粮食产出水平对价格信号敏感度较低。

刘俊杰和周应恒（2011）运用Nerlove供给反应模型，基于各统计年鉴的省级面板数据，测算了1998—2008年我国主产省份小麦播种面积对小麦价格、生产成本以及替代作物价格的反应程度。研究表明，在短期内，小麦播种面积针对自身价格变动弹性为0.12，变动不敏感；小麦播种面积对自身价格反应程度较强，长期价格弹性为0.93；生产资料价格上升对小麦种植面积的提高具有负面影响，但程度非常小。

（四）粮食生产规模报酬研究

Hayamiand Ruttan（1985）通过对各国农业生产函数的估计，得出欠发达国家的农业具有规模收益不变的特征，而发达国家的农业则属于规模报酬递增，并进一步认为，农业规模经济主要是由农业机械的大规模使用产生的。而发展中国家人均土地规模小，农业机械化程度不高，因而农地生产的规模经济不显著。

Fleisherand Liu（1992）利用了来自江西、江苏、吉林、河南和河北5省6个不同地区1987—1988年间的1 200个农户调查数据，以水稻、大豆、棉花等加总农作物生产为研究对象，建立了C-D生产函数估算出各项投入要素系数之和为1.045，但并不显著异于1，因此不存在显著的规模报酬不变。

Feder（1992）指出，在农场平均规模为0.31公顷和0.46公顷的两个县里，生产函数中各要素弹性值之和为1.056和1.15，两者都显著地不等于1，存在规模报酬递增；而当平均土地到达1公顷时，规模经济的好处就会被耗尽。

苏旭霞和王秀清（2002）用山东省莱西市的农业生产数据，测算得出玉米和小麦的规模弹性分别为 1.278 和 1.268，意味着显著地规模报酬递增。

钱贵霞（2005）利用针对全国粮食主产区 3 000 个农户样本的调研数据，通过构筑 C-D 形式的生产函数模型，讨论粮食生产的规模报酬特征。结果表明，当土地规模小于 3 亩时，粮食生产的规模报酬小于 1；当土地规模在 3 ~ 10 亩时，规模报酬等于 1；当土地规模大于 10 亩时，规模报酬显著大于 1。据此得出结论，农地的大规模经营对于提高土地产出率是有利的。

Wu（2005）和 Chen（2009）的研究也分别指出，不能否认中国的粮食生产具有可变的规模报酬，但测算的规模报酬变动并不显著。

Wanand Cheng（2001）用吉林、山东、江西、四川和广东 5 省 1994 年农户调查数据，在考虑了土地细碎化对规模经济的影响后，测算出中国粮食生产总的规模报酬系数为 1.026，粮食生产总体上存在着随土地面积扩张，平均成本下降的趋势。

许庆等（2011）采用 20 世纪 90 年代微观住户数据测算了我国春小麦、冬小麦、玉米、早籼稻、中晚籼稻、和粳稻等粮食作物的规模报酬与规模经济情况，发现总体上规模报酬为 1.049，不存在显著地规模报酬变化情况，并处于规模经济阶段。

田新建（2005）利用 1980—2002 年我国宏观生产数据分析了粮食生产的成本收益情况，指出粳稻与玉米生产存在生产成本随规模增大而下降的现象。

（五）土地规模化对单产影响研究

土地生产率也被称为单产，是描述农业生产能力的重要指标，以单位土地面积土地的产出量加以统计。该指标体现出土地之外的生产要素投入对于产出水平的影响。学术界存在着农业生产率与土地规模存在反向关系（IR）假说，即随着土地面积的扩大，农业生产的单位面积生产率在下降。

Cornia（1985）在分析了 15 个发展中国家的农户土地规模与土地产出率的关系，他发现除了 3 个国家之外，其他 12 个国家均存在反向关系现象。

艾丽思（2006）认为反向关系的存在的根本原因在于，要素市场不完全导致大农户与小农户面临的要素价格有差别，因此对于土地利用的强度出现了不同，从而引发了土地产出率的不一致。很多学者对我国粮食生产中土地规模与单产的关系也进行了深入研究，但结果存在着争议。

李谷成（2008）系统地研究了中国农业生产中的反向关系现象，基于对湖北省农村固定观察点数据的研究，指出反向关系现象是普遍存在的，其中非传统因素，例如：技术专业培训与家庭背景等因素，是影响农户土地生产率差异的重要原因。但是，有的学者却指出反向关系假说在中国的粮食生产中是不存在的，因而适度的扩大规模对于单产提高是有效的。

中国土地制度课题组（1991）的研究表明，在户均 2 公顷以内的规模条件下，耕地规模的扩大引起平均产量先降后升，但仍比 0.2 公顷以下的农户平均产量高。

任治君（1995）通过对法国农场的规模与产值进行对比，发现农产品生产平均成本随农场经营规模的扩大而下降，而单位面积产量随农场经营规模的扩大而降低，生产中存在规模与单产的反向关系。

张光辉（1996）通过对法国、日本等国的农场农业生产规模与单位面积产量进行对比后却发现，规模经营有利于促进农产品单产水平的提高，不存在反向关系。

宋伟等（2007）通过对江苏省常熟市粮食生产函数研究后发现，农户经营耕地规模对单产有显著的正影响，并由此认为适度扩大农户经营耕地规模可以促进单产的提高。

刘凤芹（2006）通过对东北地区实地调查数据进行分析，比较不同土地规模组间单位面积产量的差别，指出粮食生产中土地规模与单产水平没有明确方向的影响关系。

胡小平和朱颖（2011）基于对河南省许昌地区6个种粮大户调查的基础上，对比分析了种粮大户与一般农户的平均成本和单产的关系，以及种粮大户规模和单产的关系，并讨论小麦价格变化对种粮大户收益的影响。结果表明，种粮大户与一般农户每亩生产成本无太大差异，但其亩产量相比一般农户大幅增加；种粮大户的规模与单产呈正相关关系，规模越大，产量越高；规模种粮的效益很高，种粮大户的利润可观，规模较大导致微小的价格变化都会引起种粮大户收益的大幅变化。所调查的种粮大户样本数较少，不具有一般性，是该研究的不足之处。

（六）相关研究进展评述

通过文献梳理发现，种粮成本收益的变动特征及原因的研究多采用宏观统计数据，以描述性分析居多。对象多针对特定省份与特定年份的种粮成本收益情况，也不乏对改革开放以来对全国层面进行系统分析的研究。近年来在讨论种粮收益影响因素时，不少学者开始采用计量经济学方法，利用时间序列数据，借助计量模型进行分析，其中多元线性回归与灰度相关性方法是此类影响因素研究中常见的手段。由于采用数据来源与研究对象相同或相近，虽然研究方法不尽相同，很多研究结果却存在趋同性。结论普遍认为，我国粮食生产的比较效益较低，具有显著地弱质性。价格偏低与生产成本走高是造成我国收益较差的主要原因，粮食生产之外部门的因素推高了物质要素投入价格与劳动力成本，是造成总生产成本上升的主要因素。

粮食补贴对粮食生产影响方面的研究文献，多关注补贴政策对农户生产决策与粮食产量的影响，或研究补贴影响机制及其对农户收入的作用。研究结论的共识在于，粮食补贴对农户的粮食生产活动具有激励作用，能够增加农民收入，弥补生产成本，从而提高种粮积极性促进农业生产。但就影响激励机制以及对粮食生产的效果评价方面，学术界持审慎态度者居多。不少定量分析的学者发现，粮食补贴政策对粮食产出量的提高帮助并不明显。尽管补贴支持能够提高农民收入，但违背了补贴提高种粮收益激励粮食产出的初衷，对增产的促进效果亟待改善。文献多建议政府应加大补贴力度，并修正补贴方式来提高政策的实施效果。

价格对我国粮食生产影响方面的文献中，越来越多的学者通过构建计量经济学模型的方法，利用宏观时间序列或面板数据进行分析。此类研究多基于幼稚型价格预期模型（Naive 模型），近年来基于适应性价格预期模型（Nerlovian 模型）的研究逐渐增多。实证研究文献中较多通过考察多期粮食价格对本期粮食产量或播种面积的影响，来反映粮食供给特征。其中，采用时序数列基于幼稚价格预期模型的研究文献，结果间差异较大难于进行比较。一方面原因在于时序数列数据样本往往较低，降低了研究自由度较低，制约了结论的有效性；另一方面在于模型构造简单，没有充分考虑影响因素，造成了计量技术方面的问题引发结果的偏差。适应性价格预期模型相比较幼稚型模型更加复杂，其中某些结论可以相互印证。采用该模型对全国层面的部分研究显示，长期以来我国小麦、玉米和稻谷生产中供给的短期自价格弹性处于0.1~0.2水平，总体上弹性较差。

文献在对中国粮食生产的土地规模报酬的研究，大多从投入产出角度出发估测投入要素的产出弹性，然后根据各投入要素弹性之和来判断其规模报酬性质。实证研究结论普遍认为，总体上我国粮食生产存在规模报酬变化的情况，但不存在显著的规模报酬递增现象。在针对土地规模与单产关系的研究中，已有文献表明我国粮食生产中土地规模对土地产出率的影响方向并不明确，还需进一步的加以论证。已有土地规模对粮食产出影响的实证研究具有以下特点：首先，采用20世纪90年代末期宏观数据研究较多，缺乏对近十年以来粮食生产规模状况的系统研究；其次，使用价值量加总数据研究较多，缺少对不同粮食品种各自的生产函数比较研究；最后，采用的数据与方法差异较大，文献之间缺乏相互关联，难于进行方法与数据上的比较。

纵观种粮收益与粮食生产研究方面的相关文献，众多学者从不同的切入角度，利用多样的研究方法，对该问题进行了全面细致的研究，提出了丰富而有见地的结论，提供了充分的研究借鉴。对于种粮收益问题的研究，多数基于成本收益的分析框架，利用宏观数据的对收益成本的各组成部分进行描述性分析，针对影响因素与深层次原因的可靠研究所占比例相对而言较小。在研究数据上，实证研究的文献多基于各类统计年鉴等公开出版物的宏观数据，其优势在于时间上较为连续完整，能够全面反映宏观发展情况，便于计量分析。劣势在于数据经过多次平均加总，质量不高，信息缺失严重，影响了结论的可靠性；指标设置不够灵活，制约了研究的切入角度与方法选择。部分研究者通过实地走访调查，通过所获得一手数据进行实证研究，可大大增强了研究的可靠性，但由于调研范围和能力的限制，多限于针对局部情况的研究，降低了研究的借鉴意义。本研究采用农业部全国农村固定观察点微观住户数据资料进行研究，可以避开利用宏观数据的不利因素。较为庞大的样本数量来自于全国范围的科学抽样，便于进行计量分析，有助于较为全面地反映出现实状况，从而提高了研究的可靠性与借鉴意义。此外，本文在研究价格对种粮收益的影响过程中，基于横截面数据采用了间接结构式研究方法进行分析，现有文献中比较少见，从而为相关研究提供了新的方法选择。

三、理论分析框架

本书对于农户种粮收益问题的研究，立足于封闭环境下，探讨农户种粮收益的影响因素。封闭环境中，农户的种粮收益相关于三方面因素：生产要素投入量、生产技术形式以及市场价格条件（要素价格与产品价格）。其中，生产技术可以被理解为包含了各生产要素的投入量，相互间比例，以及要素投放规模报酬特征所带来的影响。要素投入量与生产技术相结合，可获得产量；要素投入量乘以要素价格，可获得成本；产量乘以价格可获得收入，再减去成本，便可求得利润（纯收入）。本书将从理论层面对以下三个问题进行探讨。一是要素投入影响。生产要素投入数量变化如何影响农户种粮收益？二是生产技术影响。生产要素投入规模报酬特征如何影响农户种粮收益？三是价格条件影响。要素价格与产品价格变动如何影响种粮收益？

三个问题涉及种粮收益的三方面因素的作用，搭建了本文的理论研究出发点。三方面因素中，市场价格条件是外生因素，要素投入量是由外生变量内生决定的，生产技术形式则可被认为是部分内生决定。因此，在探讨前两个关于内生因素的问题时，必然会牵扯到第三个关于外生因素的影响问题。本节首先构建理论模型，对生产要素投入规模变动对种粮收益的影响进行推导，之后对要素投入数量变化对种粮收益的影响机制进行理论分析。在两问题研究的同时，探索外生价格变量所带来的影响，从而为第三个问题做出解答。在进行理论推导之前，本研究需对模型进行一系列假定。

假定1：假定在一个生产周期中，农户种粮收益函数具有如下形式：

$$\pi = P \cdot Q - w \cdot x \qquad \text{（式2-1）}$$

其中，π 为农户种粮利润函数，具有 P 为某粮食价格，Q 为农户家庭粮食产出量，x 为生产要素投入向量，包括 k 种要素，w 为要素的价格向量。

假定2：粮食生产函数具有如下形式：

$$Q = f(x) \qquad \text{（式2-2）}$$

其中，f 为齐次函数，且满足稻田条件（连续、严格递增、严格准凹、二阶连续可微）。这样，基于假定2，由齐次性引入规模报酬特征 n，可知：

$$\lambda^n Q = f(\lambda x) \qquad \text{（式2-3）}$$

λ 为要素规模扩张程度，n 为规模报酬系数，两者均为为非零正数。若 $n>1$，则说明生产函数规模报酬递增；若 $n<1$，则说明生产函数规模报酬递减；若 $n=1$，则说明生产函数规模报酬不变。整理后，粮食生产函数形式转化为：

$$Q = f(x) = \frac{1}{\lambda^n} \cdot f(\lambda x) \qquad \text{（式2-4）}$$

这时，将（式2-4）带入（式2-1），得到引入规模报酬特征的利润函数表达式：

$$\pi = P \cdot \frac{1}{\lambda^n} \cdot f(\lambda x) - w \cdot x \qquad \text{（式2-5）}$$

（一）生产要素投入规模变化对农户种粮收益的影响

讨论规模对收益的影响，需对（式2-5）针对规模报酬系数n求导，可得：

$$\frac{\partial\pi}{\partial n}=P\cdot\frac{\partial f(x)}{\partial n}=P\cdot\frac{1}{\lambda^{n}}\cdot\ln\lambda\cdot f(\lambda x) \qquad (式2-6)$$

由（式2-6）可知，规模报酬系数变动对种粮利润的影响程度，为产品价格与规模报酬系数变动对产量影响的乘积，与总生产成本与要素价格无关。在粮食价格外生的条件下，规模报酬仅通过影响粮食产出水平，进而影响农户种粮收益情况。由等式右侧可以看出，要素投入规模扩张程度λ，决定了规模报酬系数变动对粮食产量与种粮利润影响的方向。具体而言，要素投入规模对种粮收益的影响如下。

（1）若$\lambda>1$，表明要素投入规模扩张，则：$\frac{\partial\pi}{\partial n}=P\cdot\frac{\partial f(x)}{\partial n}>0$，即规模报酬系数上升（或下降），会导致粮食产出水平与种粮利润水平的提高（或下降）。

（2）若$\lambda=1$，表明要素投入规模保持不变，则：$\frac{\partial\pi}{\partial n}=P\cdot\frac{\partial f(x)}{\partial n}=0$，即无论规模报酬系数如何变化，粮食产出水平与种粮利润不会发生变化。

（3）若$\lambda<1$，表明要素投入规模减小，则：$\frac{\partial\pi}{\partial n}=P\cdot\frac{\partial f(x)}{\partial n}<0$，即规模报酬系数上升（或下降），会导致粮食产出水平与种粮利润水平出现下降（或上升）。

结果表明，规模报酬系数变化对种粮收益的影响，取决于其对粮食产量的影响程度与产品价格条件，并不通过改变生产总成本对利润施加影响，也与要素价格大小无关。在产品价格一定的情况下，规模报酬特征仅作为生产技术条件，通过影响粮食产出水平，从而影响种粮收益情况。同时，规模报酬特征仅在要素投入规模变动时，对产出和利润产生作用。理论推导表明，生产初始条件相同的农户，当要素投入规模扩张相同倍数时，采用规模报酬递增（$n>1$）生产技术的农户，相比采用规模报酬不变（$n=1$）或递减（$n<1$）生产技术的农户，将获得更多的产出与利润；当要素投入规模缩小相同倍数时，采用规模报酬递减（$n<1$）技术的农户，相比采用规模报酬不变（$n=1$）或递增（$n>1$）生产技术的农户，能够避免较多产出与利润方面的损失。

（二）要素投入变动对种粮收益的影响

探讨土地要素变动对于农户种粮收益的影响，需对（式2-5）中种粮利润π针对要素投入x_i求导，可得：

$$\frac{\partial\pi}{\partial x_i}=P\cdot\frac{\partial f(x)}{\partial x_i}-w_i \qquad (式2-7)$$

其中，x_i为第i个生产要素，w_i为i要素价格。设R_i为粮食生产中要素投入i的边际报酬率，表示为：

$$R_i = \frac{P}{w_i} \cdot \frac{\partial f(x)}{\partial x_i} \qquad (式2-8)$$

其中，$P \cdot \frac{\partial f(x)}{\partial x_i}$为产品价格与要素 i 边际产出 MP_i 的乘积，代表要素投入 i 的边际产品价值。若进一步除以要素 i 的价格 w_i，可被理解为要素投入 i 的边际报酬率。可见，边际报酬率 R 大小与产品价格成正比，与要素价格 w_i 成反比，与该要素的边际产量 MP_i 成正比。要素的边际报酬率 R 经济学意义为，在其他条件不变情况下，额外投入价值1元的要素 i，所生产的边际产品的货币价值为多少元。要素的边际报酬率由产品价格、要素价格以及生产技术情况所共同决定，描述了市场价格与生产技术对种粮收益的影响程度。

结合（式2-7）可知，要素投入变化对种粮利润的影响具有如下情况：

若 $R_i > 1$，则：$\frac{\partial \pi}{\partial x_i} = P \cdot \frac{\partial f(x)}{\partial x_i} - w_i > 0$，即随着要素投入水平升高（或降低），种粮利润将获得提高（或降低），两者同方向变化，进一步提高要素投入将更加有利可图；

若 $R_i = 1$，则：$\frac{\partial \pi}{\partial x_i} = P \cdot \frac{\partial f(x)}{\partial x_i} - w_i = 0$，即无论要素投入水平改变，均不会对种粮利润产生影响，此时农户种粮收益达到最大化；

若 $R_i < 1$，则：$\frac{\partial \pi}{\partial x_i} = P \cdot \frac{\partial f(x)}{\partial x_i} - w_i < 0$，即随着要素投入水平升高（或降低），种粮利润将获得降低（或升高），两者反方向变化，若进一步追加要素投入将导致种粮利润下降。

理论推导结果表明，要素投入变化对于种粮收益的影响既取决于产品价格与要素价格等市场价格条件，又受到要素边际产量等技术特征的影响。两者所结合形成的要素投入边际报酬率的大小，决定了要素投入在提高农户种粮收益中的作用。若要素边际报酬率显著大于1，则说明该进一步投入该要素能够提高种粮收益，值得进一步投资。通过计算要素投入的边际报酬率，可以直接从经济层面判断出进一步投入哪些生产要素可以提高种粮收益，而哪些生产要素不值得投资。如果计算多种要素投入的平均报酬率，则可以从整体上判断出扩大要素规模是否有益于提高种粮收益，从而为经营决策提供可靠依据。

（三）价格对粮食生产的影响

作为外生变量，产品价格与要素价格不但能够通过要素投入的边际报酬率，影响农户种粮收益的大小，还能够决定粮食生产的技术特征进而产生影响。幼稚型预期以及适应性预期理论均表明，农户会根据市场价格条件以及成本收益情况，通过多个生产周期调整生产规模以及要素投放水平，改变粮食产量以确保收益最大化。这种调整是动态过程，需要经历多个生产周期，但说明了粮食产量（或向市场供给量）是由外生价格条件所决定的，生产技术特征也是部分内生决定的。已知农户种粮的最大化利润函数：

$$\pi(P, w) = \max_{\pi, Q \geqslant 0} PQ - w \cdot x，受制于 f(x) \geqslant Q \qquad (式2-9)$$

由利润函数的性质可知，$\pi(P, w)$ 关于产品价格 P 递增，关于要素价格 w 递减。此外，根据霍尔特引理可知，农户种粮的产出供给和要素 i 需求函数分别为：

$$Q(P, w) = \frac{\partial \pi(P, w)}{\partial P} \quad \text{（式 2－10）}$$

以及

$$x_i(P, w) = -\frac{\partial \pi(P, w)}{\partial P} \quad \text{（式 2－11）}$$

产品供给函数与要素需求函数均满足零次齐次性，替代矩阵为对称且为半负定。供给量 Q 随着产品价格上升而提高；要素需求量 x_i 随自身价格 w_i 上升而降低。

通过推导价格条件对产量的影响，可以在要素的边际报酬率之上，更进一步了解价格在提高农户种粮收益中的作用。首先，产品价格提高，要素价格降低，本身可以提高农户的种粮收益，这是由最大化利润函数的性质决定的。其次，产品价格可以直接影响要素的边际报酬率，从而间接影响要素投入量对种粮收益的作用。最后，产品价格与要素价格可以通过影响粮食的产出水平与要素需求，间接影响农户的种粮收益。

（四）理论分析框架

本节通过构造新古典经济学模型，试图从理论上对农户种粮收益问题进行分析。首先，本研究假定在封闭的环境下，种粮收益直接相关三方面因素：要素投入量、生产技术特征（包括要素投放比例和规模特征）以及市场价格条件（要素价格与产品价格）。其次，建立理论模型，对“生产要素投入数量变化如何影响农户种粮收益?”“生产要素投入规模报酬特征如何影响农户种粮收益?”“要素价格与产品价格变动如何影响种粮收益?”进行了理论推导。结果表明：

（1）从经济效益上看，增加要素投入数量能否提高种粮收益，取决于要素的边际报酬率 R_i。若 $R_i>1$，追加要素投入可以进一步提高种粮利润；若 $R_i<1$，追加要素投入会导致利润降低。

（2）产品价格 P、要素价格 w、以及要素的边际产出量 MP_i 决定边际报酬率 R_i 的大小。R_i 与 P 和 MP_i 成同向变动，与 w 成反向变动。

（3）粮食生产规模报酬特征 n 对种粮利润的影响，取决于产品价格 P 和规模扩张程度 λ，与要素价格以及总生产成本无关。当 $\lambda>1$ 时，即要素投入规模增加，规模报酬系数 n 越高，种粮利润与产出量越大。反之，当 $\lambda<1$ 时，即要素投入规模下降，规模报酬系数 n 越低，损失的利润和产量越低。

（4）外生变量产品价格 P 与要素价格 w，可以从三个方面影响种粮收益。首先，产品价格提高，要素价格降低，本身可以提高农户的种粮利润。其次，产品价格可以影响要素的边际报酬率。最后，产品价格与要素价格可以通过影响粮食的产出量与要素需求量，间接决定农户的种粮收益。

结合研究结果，可得出本研究的理论框架见图（箭头为直接影响方向）。

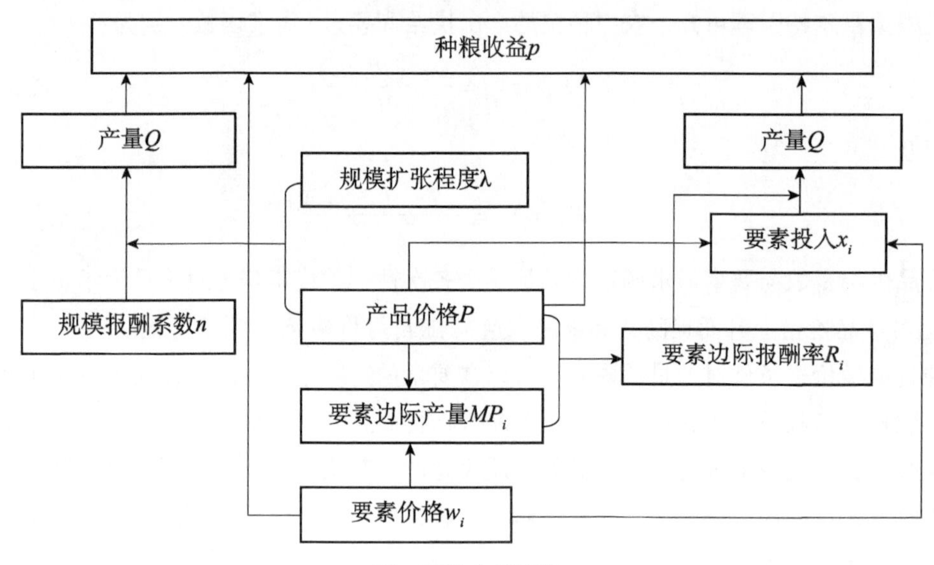

图　理论分析框架

研究土地规模变动对种粮收益的影响问题，可以将“生产要素投入数量如何影响种粮收益?”与“生产要素投入规模报酬如何影响种粮收益?”等两个理论问题直接结合起来。首先，土地投入本身是一种生产要素，探讨其对于种粮收益的影响背后在于发掘要素投入变化对于种粮收益的影响。其次，农业生产的基本特征决定了多种生产要素投入增加是依附于土地投入扩张的，土地投入变化往往意味着要素投入规模发生变化，需以土地投入变动为切入点，研究生产规模变动对于农户种粮收益的影响。在第三章对我国粮食生产成本收益进行宏观数据分析的基础上，第四章利用微观数据实证分析我国农户粮食生产的规模报酬特征情况，着力讨论土地规模变动对种粮收益与粮食生产的影响。第五章利用微观数据重点研究价格条件对粮食产出的影响，并测算粮食生产中要素的边际报酬率，在判断要素投资价值的基础上，讨论价格条件对于种粮收益的影响。

第三章　我国农户种粮收益的变化特征与现状

一、引　言

本章利用《中国统计年鉴》与《全国农产品成本收益年鉴》等数据资料，对改革开放以来，特别是最近20年，我国农户的种粮收益的历史变化特征进行宏观描述性分析，从而为后两章节关于种粮收益影响因素的微观实证研究进行铺垫。本章内容包括：分析改革开放以来我国粮食生产的历史变动特征；分析我国粮食产品价格的变动特征；分析我国粮食生产成本的变动特征；分析我国粮食生产收益的变动特征；对前四节研究结果进行归纳总结。

二、我国粮食生产现状与历史变迁

改革开放以来，我国粮食产量总体呈现显著增长的趋势（图3－1）。1978年，我国粮食总产量为30 477万吨，2012年达到58 958万吨，35年提高了93.5%，年均递增2.7%。

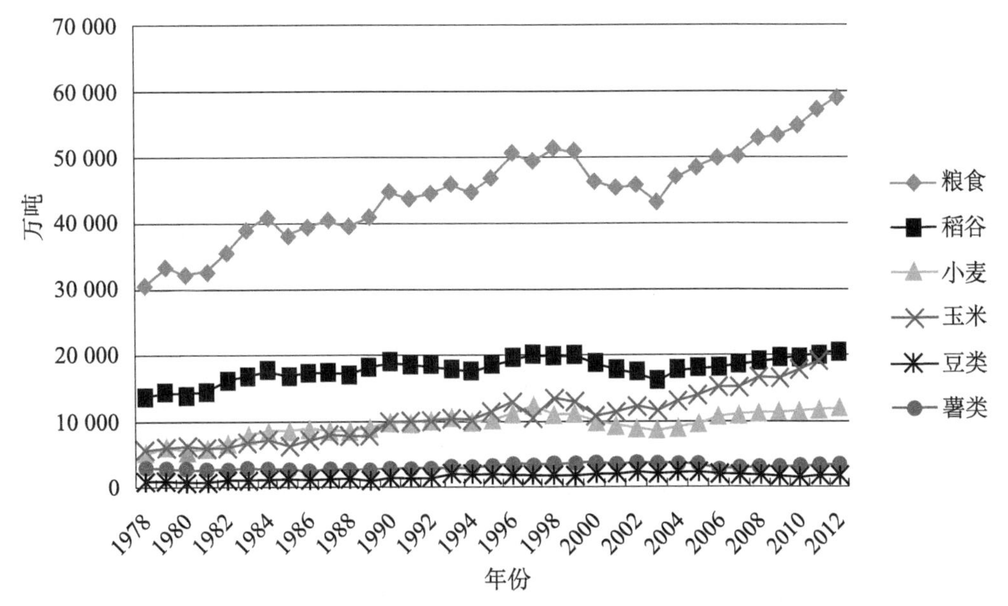

图3－1　改革开放以来我国粮食及其主要品种产量的变化

数据来源：历年《中国统计年鉴》

粮食产量的变动在34年间可以被分为4个阶段：第一阶段为1978—1984年，粮食产量持续大幅度增长。第二阶段为1985—1998年，粮食产量在波动中逐步升高。第三阶段为1998—2003年，除2002年产量高于前一年水平外，8年间粮食产量呈现连年递减的态势。第四阶段为2003—2012年，实现粮食9年持续增产。2013年粮食产量再创新高，达到了60 194万吨，延续了连年增产的态势。

我国粮食总产量中谷物所占的比例最高，长期以来小麦、玉米和稻谷等谷物是我国最为重要的粮食作物。数据显示，1991—2012年谷物产量占粮食总产量比例年均保持在90%以上。从谷物的产出构成来看，稻谷产量始终保持在第一位水平，在1994年之前小麦与玉米产量比较接近；而1994年之后玉米产出水平逐渐超过小麦，近年来成为我国第二大粮食作物。从增产的角度来分析，1978—2012年间，玉米对于粮食总产出的增加贡献最大，约占粮食总增产量的1/2。小麦和稻谷对粮食总增产量的贡献比较接近，各为1/4左右，其中小麦在增产中的作用略高于稻谷。从不同阶段来看，各阶段促进粮食增产的主要因素不尽相同。

改革开放以来我国粮食增产的品种构成见表3－1，粮食总产量、播种面积和单产的变化见表3－2。

表3－1　改革开放以来我国粮食增产的品种构成　（单位：万吨）

	时期	粮食	谷物			豆类	薯类
			稻谷	小麦	玉米		
增产量	1978—1984	10 254.0	4 132.5	3 397.5	1 746.5	213.0	-326.5
	1984—1998	10 499.0	2 045.8	2 191.1	5 954.4	1 031.1	756.7
	1998—2003	-8 160.0	-3 805.7	-2 323.8	-1 712.4	126.9	-90.9
	2003—2012	15 888.4	4 358.0	3 453.5	8 978.4	-397.0	-220.5
	1978—2012	28 481.5	6 730.6	6 718.3	14 966.9	974.0	118.8

数据来源：根据历年《中国统计年鉴》资料整理

表3－2　改革开放以来粮食总产量、播种面积和单产的变化

（单位：万吨，千公顷，千克/公顷）

年份	粮食总产		粮食播种面积		粮食单产	
	增长量	增长率	增长量	增长率	增长量	增长率
1978—1984	10 254.0	33.6	-7 703.3	-6.4	1 080.9	42.8
1984—1998	10 499.0	25.8	903.5	0.8	894.0	24.8
1998—2003	-8 160.0	-15.9	-14 377.0	-12.6	-169.7	-3.8
2003—2012	15 888.4	36.9	11 794.2	11.9	969.3	22.4
1978—2012	28 481.5	93.5	-9 382.6	-7.8	2 774.5	109.8

数据来源：根据历年《中国统计年鉴》资料整理

第一阶段（1978—1984年）：粮食产量呈现持续大幅度上升的态势，期间单产水平的显著提高是最主要的因素。1978—1984年，全国粮食总产量由30 477万吨上升至40 731万吨，增幅达到33.6%，但播种面积却由120 587千公顷降低至112 884千公顷，减幅达到6.4%。同期粮食单产由每公顷2 527千克，增加至3 608千克，增幅达到42.8%，可见单产的显著提升推动了总产量的大幅提高（表3－2）。从增产结构来看，1978—1984年，小麦、玉米和稻谷的增产量占粮食总增产量的比例分别为33.1%、17%、和40.3%，稻谷对于粮食增产的贡献最大。1984年小麦、玉米和稻谷产量比较1978年分别提高了63.1%、30.3%、和31.3%，小麦是增产最快的粮食品种。整体上看，谷物对于粮食总产量增加的贡献较强，豆类和薯类的贡献较弱。这一时期粮食产量大幅提升，究其根本在于家庭联产承包责任制的全面实行与国家大幅度提高了粮食收购价格，极大地促进了农民发展生产的积极性，有力提高了粮食生产中物质投入水平（表3－3）。这一时期，化肥投入、农村总用电量以及农机总动力水平均出现了显著提升，期间分别提高了96.8%、65.9%和83.3%。而化肥投入量与农机总动力水平年均增速分别达到16.1%和11%，为改革开放至今两种要素投入水平的增长最快的时期（表3－4）。此外，农村在改革之前长期进行的农田水利建设，显著提高了农业生产抵御水旱灾害的能力，为粮食增产提供了必要条件。同期，全国受灾面积与成灾面积均出现了显著下降。

表3－3 改革开放以来我国主要粮食品种播种面积、单产与总产量的变化 （单位:%）

项目	稻谷	小麦	玉米	豆类	薯类
播种面积					
1978—1984	－3.6	1.3	－7.1	2.0	－23.8
1984—1998	－5.9	0.7	36.2	60.2	11.3
1998—2003	－15.1	－26.1	－4.6	10.5	－3.0
2003—2012	13.7	10.3	45.5	－24.7	－8.4
1978—2012	－12.4	－16.8	75.5	35.9	－24.7
单产					
1978—1984	35.1	60.9	41.3	25.7	17.7
1984—1998	18.5	24.1	33.0	28.8	13.8
1998—2003	－4.8	6.7	－8.6	－3.8	0.5
2003—2012	11.8	26.8	22.0	8.1	2.3
1978—2012	70.4	170.3	109.4	68.3	37.7
总产量					
1978—1984	30.2	63.1	31.2	28.2	－10.3
1984—1998	11.5	25.0	81.1	106.4	26.6
1998—2003	－19.2	－21.2	－12.9	6.3	－2.5
2003—2012	27.1	39.9	77.5	－18.7	－6.3
1978—2012	49.2	124.8	267.5	128.8	3.7

数据来源：根据历年《中国统计年鉴》数据计算

表3－4 改革开放以来我国粮食生产要素投入变化

年份	化肥使用量（万吨、%）			农机动力（万千瓦、%）		
	增长量	增长率	年均增速	增长量	增长率	年均增速
1978—1984	855.8	96.8	16.1	7 747.3	65.9	11.0
1984—1998	2 343.9	134.7	9.6	25 710.5	131.9	9.4
1998—2003	327.9	8.0	1.6	15 178.8	33.6	6.7
2003—2012	1 427.3	32.4	3.6	42 172.4	69.8	7.8
1978—2012	4 954.9	560.5	16.5	90 809.1	772.8	22.7

续表

年份	有效灌溉面积（千公顷、%）			农村总用电量（亿千瓦时、%）		
	增长量	增长率	年均增速	增长量	增长率	年均增速
1978—1984	-512.0	-1.1	-0.2	210.9	83.3	13.9
1984—1998	7 842.6	17.6	1.3	1 578.2	340.1	24.3
1998—2003	1 718.6	3.3	0.7	1 390.8	68.1	13.6
2003—2012	9 022.2	16.7	1.9	4 075.6	118.7	13.2
1978—2012	18 071.4	40.2	1.2	7 255.4	2 866.6	84.3

数据来源：根据历年《中国统计年鉴2007》相关数据计算

第二阶段（1984—1998年）：粮食保持持续增产的态势，但增产幅度较上一时期显著减小。1998年相比1984年，粮食总产量水平提高了25.8%，其中单产水平同比提高了24.8%，播种面积扩大幅度仅为0.8%，单产水平的显著提高是粮食增产的主要动力。从增产结构来看，玉米在粮食增产中的作用显著提升，这一时期玉米增产量占到了粮食增产总量的56.7%，超过了其他粮食贡献总和。小麦与稻谷对于增产的贡献比较接近，各自约为20%左右。豆类和薯类增产量占粮食总增产量的比重分别为9.8%和7.2%。从要素投入增长来看，化肥投入、农机总动力、农村总用电水平、以及有效灌溉面积在这一时期均出现大幅度提高，其中化肥与农机总动力分别提高了1.3倍，农村总用电量增加了约3.4倍，有效灌溉面积提高了17%。要素投入整体上延续了较快增长的势头，化肥投入和农机总动力增速仅低于1978—1984年水平，仍明显高于此后各时期，而农村总用电量年均增幅达到24.3%，增长速度为各时期最高。同期，自然灾害成为粮食增产的不利影响因素，成灾受灾面积均较前一时期出现大幅度增加，相比上一时期该阶段年均成灾与受灾面积分别提高了18.3%和21.6%（表3-5）。

分品种来看，稻谷总产量的提高完全来自于单产的贡献，在此期间总产量提高了11.5%，单产提高了18.5%，播种面积却减少了5.9%。小麦增产的主要动力也是来自于单产的迅速提高，1998年相比1984年小麦单产提高了24.1%，播种面积增幅仅为0.7%，前者远高于后者。玉米和薯类增产中，单产增加与播种面积扩大的贡献各占50%左右，豆类增产中播种面积扩大远高于单产提高所带来的贡献。

第三阶段（1998—2003年）：粮食总产量呈现出大幅度下降的态势，主要来自于粮食作物的播种面积显著降低。2003年相比较1998年，粮食总产量降低了15.9%，播种面积下降了12.6%，单产水平下降了3.8%。分品种来看，主要粮食作物中仅豆类产量出现增长态势，稻谷、玉米和小麦等谷物产量全面下滑，期间降幅分别达到19.2%、12.9%和21.2%。从减产结构来看，稻谷的减产量占据了粮食总减产量的50%，影响最大，小麦和玉米占总减产量的比例分别约为25%和20%。就单产变化而言，1998—2003年仅小麦与薯类单产水平出现了提高，稻谷、玉米和豆类单产降幅分别为4.8%、8.6%和3.8%，玉米降幅最大。播种面积变化方面，除豆类外其他主要粮食作物的播种面积均出现减少，小麦和玉米的降幅最大，五年间播种面积分别缩小了26.1%和15.1%。通过数据比较可以发现，这一时期4/5粮食总产量和4/5稻谷总产量的下降是由于播种面积减少所造成的，而小麦和薯类的减产则完全来自于播种面积的下降。玉米减产是由播种面积与单产水平的下降所共同造成的，而豆类增产的主要因素在于播种面积显著提高。

多方面原因造成了这一时期粮食产出水平的整体下降。首先，这一时期粮食价格水平持续下跌，降低了种粮的比较效益，挫伤了农民的种粮积极性。2002 年相比 1995 年，每千克粮食的平均价格由 1.5 元跌至 0.98 元，跌幅约为 34%。这导致粮食生产中播种面积出现显著下降，化肥投入、农机动力、有效灌溉面积的年增速均较前一时期显著减缓（表 3 -4）。其次，由于前一阶段粮食连续丰收，造成阶段性、结构性的粮食生产过剩，国家自 1999 年开始对生产结构进行调整，粮食播种面积逐渐减少。最后，水旱自然灾害频发，削弱了国家的粮食生产能力。1998—2003 年间，年平均成灾面积达到 29 626 千公顷，远高于 1978—2012 年平均值。2000 年成灾面积达到 34 374 千公顷，是 1978—2012 年成灾面积最高的年份（表 3 -5）。

表 3 -5　改革开放以来我国成灾与受灾面积的变化　（单位：千公顷）

年份	受灾面积	成灾面积	时期	平均受灾面积	平均成灾面积
1978	50 790	24 457	1978—1984	39 960	19 529
1984	31 887	15 260	1984—1998	47 258	23 756
1998	50 145	25 181	1998—2003	51 413	29 626
2003	54 506	32 516	2003—2012	40 257	20 444
2012	24 960	11 470	1978—2012	44 660	22 913

数据来源：根据《中国统计年鉴 2007》《新中国六十年统计资料汇编》相关数据自行整理

第四阶段（2003—2012 年）：粮食总产量与三大主粮产量连续递增，种植结构调整导致产出结构发生重要变化。2003—2012 年，粮食总产量由 43 070 万吨提高至 58 958 万吨，增幅达到 36.9%。总产量持续上升主要来自于单产与播种面积水平的同步提高，这一时期粮食单产提高了 22.4%，播种面积扩大了 11.9%。从增产结构来看，粮食总产量的增加完全来自于谷物生产，其中，玉米对粮食增产的贡献最大，增产量占到了粮食总增产量的 57%，稻谷和小麦占粮食总增产量的比例分别为 27% 和 22%。分品种看，9 年间稻谷、小麦和玉米产量迅猛提高，涨幅分别达到了 27.1%、39.9% 和 71.1%。玉米生产水平增长尤其迅速，2012 年开始，玉米已经取代稻谷成为我国第一大粮食作物。单产提高与播种面积的扩大是三大口粮连年增产的主要原因，这一时期单产水平和播种面积增幅最高的作物分别是小麦和玉米，小麦单产提高了 26.8%，玉米播种面积扩大了 45.5%。在小麦增产过程中，单产提高的贡献高于播种面积扩大，而玉米增产中播种面积扩大的贡献显著高于单产提高，稻谷增产中两者贡献比较接近。除此之外，同期豆类与薯类总产出水平出现了下降，原因完全来自于播种面积的缩小。在单产水平略微上升的背景下，豆类与薯类的播种面积分别下降了 24.7% 和 8.4%。减小国内豆类的生产能力，借助世界市场来满足国内需求；同时，将豆类让渡出来的耕地集中用于口粮生产，以保持较高的口粮自给率，这种粮食种植结构调整变化背后是国家出于保证口粮供给安全的战略需要。

这一时期，粮食价格的持续上涨，以及国家废除了农业税并加大了对粮食生产的扶植补贴力度，激发了种粮农民的生产积极性，是粮食连续增产的主要原因。较高的生产积极性表现在要素投入进一步提高，这一时期粮食生产中有效灌溉面积、化肥投入量、农机总动力与总用电量均呈现明显上升的态势。2012 年相比 2003 年，化肥使用量增长了 32.4%，农机总动力提高了 69.8%，有效灌溉面积上升了 16.7%，农村总用电量增加了 118.7%。此外，各生产要素投入的年均增速均较上一阶段大幅度提高，其中有效灌溉面积年均增速达到 1.9%，是改革开放以来增长最快的时期。最后，总体上良好的气候条件也是 9 年间粮食实现连续丰收的重要因素。2003—2012 年间，自然灾害的影响均较上一阶段出现了显著下降，年平均受灾面积与成灾面积分别下降了 11 156 千公顷和 9 182 千公顷，减幅分别为 21.7% 和 31%。这一阶段年均受灾与成灾面积分别为 40 257 千公顷和 20 444千公顷，均低于改革开放以来的平均值，是历史上气候条件较为适宜，防灾减灾成效明显的时期。

综合以上分析，可以将我国改革开放以来粮食增产的影响因素与生产特征归结为以下方面：首先，单产水平的不断提高，是我国粮食总产量的增长的主要支撑力量。1978—2012 年，粮食总产量提高了 93.5%，其中，单产水平提高了 109.8%，而播种面积减少了 7.8%，单产水平的显著提高是粮食增产的最主要因素。其次，化肥以及其他物质生产要素投入的增加，对总产量提高，特别是单产水平的显著增加发挥了重要作用。这一时期，化肥施用量提高了 5.6 倍，农机总动力提高了 7.7 倍，有效灌溉面积上升了 40%，生化与机械生产要素的密集投放，与灌溉水平的不断提高促进了粮食增产。最后，玉米是对粮食增产贡献最大的品种。34 年间，玉米增产 14 967 万吨，约占粮食总增产量的一半。最后，防灾减灾工作力度的不断加强，降低了农业生产的自然风险，为粮食增产形成了保障。要素投入的增加和单产水平的提高背后是科技进步，而灌溉水平的上升与防空灾害能力的加强背后是基础设施建设水平提高，34 年间我国粮食增产的过程越来越取决于科技进步与基础设施所发挥的作用。

三、我国粮食价格的变化特征

1990—2012 年我国粮食价格表现为震荡中不断走高的态势（图 3 - 2）。这一时期，每千克粮食的平均价格由 1990 年的 0.54 元大幅上升至 2012 年的 2.4 元，增幅达到 34.6%。按照粮价的波动变化趋势，可以将 22 年进一步细划为 3 个阶段。

第一阶段为 1990—1995 年，粮食价格快速上升，由每千克 0.54 元上升至 1.50 元，年均增幅 60%。价格显著提升的主要原因在于，1991 年政府开始实施粮食流通市场化改革，对长期以来购销价格双轨制加以统一并逐步放开。1992 年国家尝试统一粮食购销价格，并在1993年实行放开粮食价格与经营的政策，同时大幅度削减政府对粮食部门补贴，并建立粮食保护价制度以保护粮农的经济收益。1995年，政府大幅度提高粮食最低收购价格，每千克粮食平均价格达到1.50元，为2007年之前最高水平。

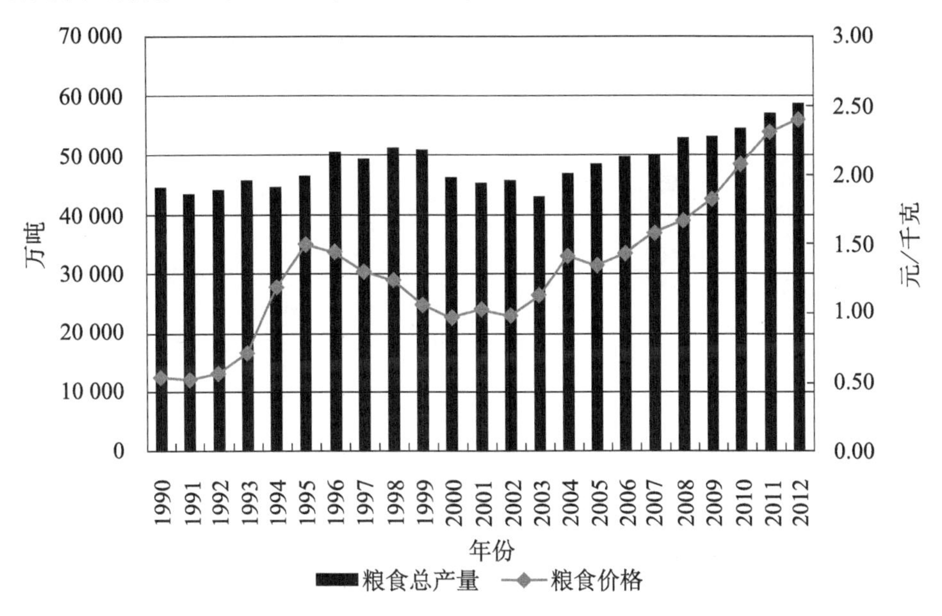

图3－2　1990—2012年粮食总产量与出售价格的变化特征

数据来源：历年《中国统计年鉴》

第二阶段为1995—2000年，粮食价格持续下跌，2000年相比1995年每千克粮食价格下降了0.53元，跌幅达到34%（表3－6）。造成这一局面的部分原因在于，政府为稳定粮食价格，恢复了对粮食购销的统一国有经营制度，建立了中央地方两级粮食储备制度与风险基金，并提出了“米袋子省长负责制”，1998年政府推行进一步敞开价格收购农民余粮、顺价销售、收购资金封闭运行和国有粮食企业改革（即“三项政策、一项改革”），试图通过价格调控手段间接对种粮农民实施补贴。以上这些政策效果不佳，虽短暂稳定了粮食价格，却增加了粮食企业与地方政府财政负担，激化了中央与地方，主产区与主销区的矛盾。部分地区的形成了粮食贸易壁垒与区域垄断，造成粮食流通不畅，粮价持续下跌，农民收入增长缓慢，严重挫伤粮农、粮食企业与地方政府的生产积极性（侯明利，2009；罗孝玲，2005）。

表3－6　1990—2012年三种粮食的出售价格　（单位：元/千克）

年份	稻谷	小麦	玉米	粮食
1990	0.58	0.61	0.44	0.54
1991	0.57	0.60	0.42	0.52
1992	0.59	0.66	0.49	0.57
1993	0.81	0.73	0.60	0.72
1994	1.42	1.13	0.96	1.19
1995	1.64	1.51	1.34	1.50

续表

年份	稻谷	小麦	玉米	粮食
1996	1.61	1.62	1.14	1.45
1997	1.39	1.40	1.12	1.30
1998	1.34	1.33	1.08	1.24
1999	1.13	1.21	0.87	1.06
2000	1.03	1.06	0.86	0.97
2001	1.07	1.05	0.97	1.03
2002	1.03	1.03	0.91	0.98
2003	1.20	1.13	1.05	1.13
2004	1.60	1.49	1.16	1.41
2005	1.55	1.38	1.11	1.35
2006	1.61	1.43	1.27	1.44
2007	1.70	1.51	1.50	1.58
2008	1.90	1.66	1.45	1.67
2009	1.98	1.85	1.64	1.83
2010	2.36	1.98	1.87	2.08
2011	2.69	2.08	2.12	2.31
2012	2.76	2.17	2.22	2.40

数据来源：根据《全国农产品成本收益资料汇编2007》和《全国农产品成本收益资料汇编2013》整理

第三阶段为2000—2012年，粮食市场价格持续上升，由每千克平均价格由0.98元猛增至2.4元，10年间粮价增幅达到143%，年均增速达到14.3%。政府吸取前一阶段对粮食市场价格进行干预的教训，调整政策在进一步完善最低收购价格制度间接提高种粮收益的同时，试点推行粮食生产直接补贴制度，逐步建立起了一套由综合性收入补贴政策、生产性专项补贴政策与最低收购价格政策组成的粮食补贴政策体系。政府通过执行最低收购价格政策，借助国有粮食企业的托市行为将市场价格维持在一定范围，以保障农民种粮收益，鼓励实现粮食增产丰收的政策目标。由于生产成本的不断上涨，政府的保护价格也在不断上升，尽管粮食价格在此期间持续走高，但粮食生产的平均收益率并没有波动，自2005年之后稳定保持在30%以上水平，维持了农民的生产积极性，形成了粮食产量与价格同步递增的局面。

分品种来看，三种粮食价格的变动趋势大体一致，均表现为先增再减再增（图3-3）。2004年之前稻谷与小麦价格非常接近，玉米价格相对较低。2004年之后，稻谷价格快速升高，小麦价格上升明显放缓。2004—2012年，稻谷价格由每千克1.6元上升至2.76元，增幅达73%；而同期小麦价格由每千克1.5元上涨至2.17元，增幅仅为45.4%，两种粮食的价格水平差距逐渐扩大。至2011年玉米价格首次超过小麦价格，但相比稻谷价格还存在距离。2005—2011年，三种粮食作物价格均处于持续上升阶段，稻谷、小麦和玉米的年均增速分别为12.2%、8.4%和15.3%，相对较低的增长速度导致了小麦价格被稻谷进一步甩开，被玉米实现赶超（表3-6）。

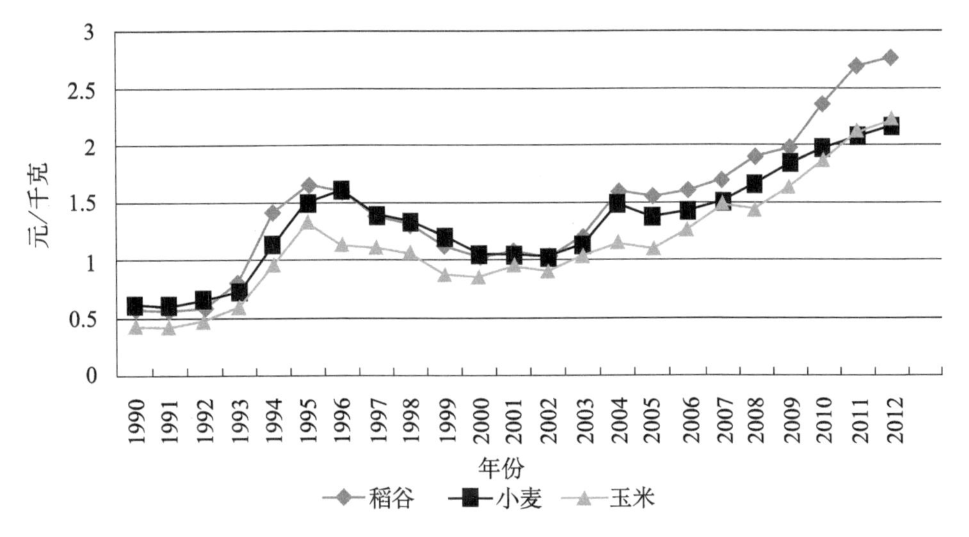

图 3－3　1990—2012 年三种粮食的出售价格变化（元/千克）

数据来源：历年《中国统计年鉴》

四、我国粮食生产成本的变化特征

本节对于粮食生产成本的研究，基于历年《全国农产品成本收益资料汇编》（以下《汇编》）中的相关数据。该数据参考市场价格，将家庭劳动力用工进行了折价，并将家庭自营地进行了折租，这样粮食生产中各项投入费用均可以量化形式核算表示。按照《汇编》的核算方式，农户家庭的粮食生产总成本由生产成本与土地成本加总构成。其中土地成本，也可称为地租，指土地作为一种生产要素投入到生产中的成本，包括自营地折租额与流转租金之和。长期以来，我国粮食生产中的土地投入基本上以家庭承包经营土地为主，土地流转集中的比例较小，也不存在统一地租。因此，指标中自营地折租仅是参照发生的转包或承包土地费用，对生产者自有土地的估算，间接反映了自营地投入生产时的机会成本，并不能视为真实的土地价格。而生产成本指直接生产过程中为生产该产品而投入的各项资金和劳动力成本，反映了为生产该产品而发生的除土地外各种资源的消耗，主要包括了物质和服务费用与人工成本，具体分类见图 3－4。

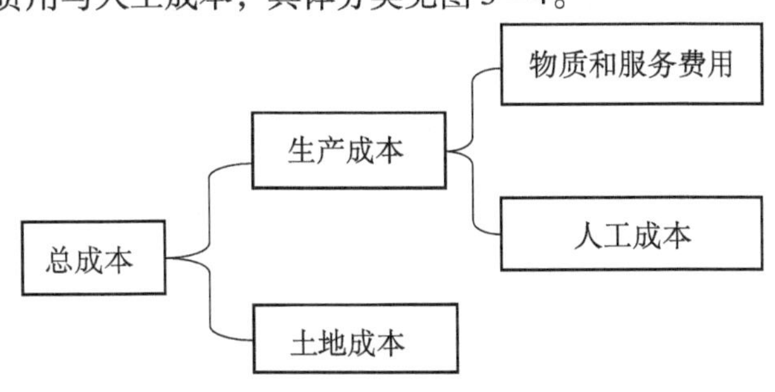

图 3－4　粮食生产总成本的分类

对三大主粮（小麦、玉米和稻谷）生产成本的变动分析表明，1990 至 2012 年我国粮食生产的总成本整体呈现大幅上涨的趋势（图 3 - 5）。2012 年，每亩粮食总生产成本为 936.4 元，在以名义价格计算的情况下，相比 1990 年水平提高了 5.6 倍。从历史变动特征分析（表3 - 7），22 年间种粮总成本的上涨可被划分为 5 个阶段：第一阶段为 1990—1993 年，总成本持续温和上扬。1993 年比 1990 年每亩总成本仅提高了 35.7 元，虽然增幅明显，但增加的绝对值并不大。第二阶段为 1993—1996 年，总成本呈现快速递增的态势，三年间每亩总成本增长了 210.1 元，年均增长了 39.2%。第三阶段为 1996—2001 年，随着期间播种面积的大幅减少，粮食产出与投入水平持续下降造成种粮总成本呈现出温和下降的态势。五年间每亩粮食总成本减少了 38 元，累计降幅为 9.8%，年均降幅 2%，该阶段是 22 年间仅有的生产成本出现下降的历史时期。但是，由于前一时期的快速推高，本期温和下降并没有对种粮成本形成质变，2001 年总成本比 1993 年水平仍高出 96%。第四阶段为 2001—2007 年，粮食总成本结束了前一时期的下降形式，开始并持续保持温和回升，6 年间每亩总生产成本提高了 130.5 元，增幅达到 37.2%。2004 年，粮食总生产成本恢复到温和下降之前水平，并在此后持续上扬。第五阶段为 2007—2012 年，粮食成本进入第二个高速增长时期。这一阶段中每亩粮食生产的总成本提升了 94.7%，年均增速 18.9%，约为 1993—1996 年第一个高速增长期增速水平的 1/2。

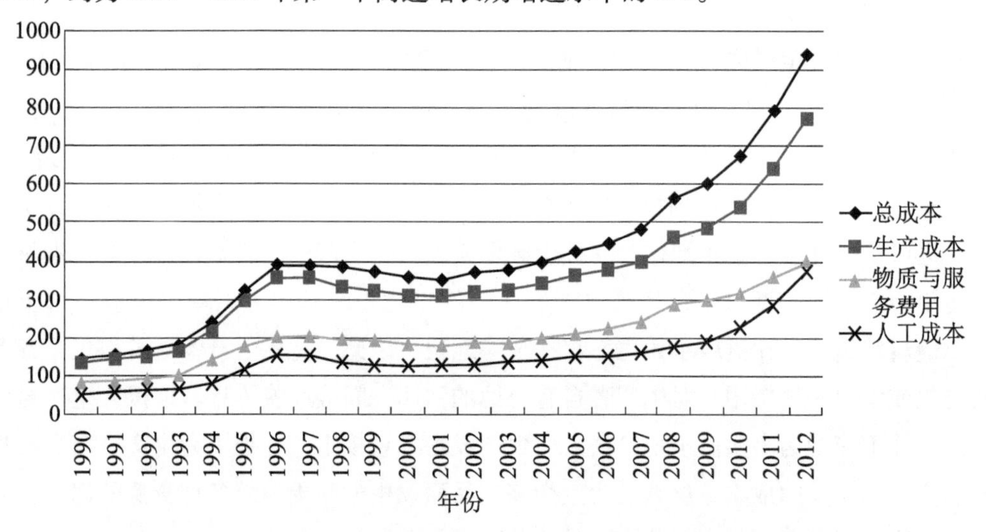

图 3 - 5　1990—2012 年粮食生产每亩总成本、生产成本、物质与服务费用以及人工成本的变化

数据来源：《全国农产品成本收益资料汇编 2007》《全国农产品成本收益资料汇编 2013》

表 3 - 7　1990—2012 年粮食生产总成本、生产成本与人工成本的历史变动特征

项目	增加值（元/亩）	增长率（%）	年均增长率（%）
总成本			
1990—1993	35.69	25.0	8.3
1993—1996	210.12	117.7	39.2
1996—2001	-38.09	-9.8	-2.0
2001—2007	130.45	37.2	6.2

续表

项目	增加值（元/亩）	增长率（%）	年均增长率（%）
2007—2012	455.36	94.7	18.9
1990—2012	793.53	555.3	25.2
生产成本			
1990—1993	30.74	23.0	7.7
1993—1996	190.74	116.1	38.7
1996—2001	-46.94	-13.2	-2.6
2001—2007	91.38	29.7	4.9
2007—2012	370.81	92.8	18.6
1990—2012	636.73	477.0	21.7
土地成本			
1990—1993	5	55.6	18.5
1993—1996	20	142.9	47.6
1996—2001	9	26.5	5.3
2001—2007	39	90.7	15.1
2007—2012	84	102.4	4.7
1990—2012	157	1744.4	348.9

数据来源：根据《全国农产品成本收益资料汇编2007》《全国农产品成本收益资料汇编2013》数据整理

总成本的构成分析结果表明，生产成本占据了总成本的最主要部分，其历史变动趋势与总成本相一致。1990—2012年尽管绝对值水平不断上升，但生产成本所占总成本比重却出现了下降。1990年每亩粮食生产成本133.5元，2012年，生产成本为770.2元，比1990年提高了4.8倍。1990年，生产成本占总成本的比重为93.4%，此后该比例持续下降，至2010年降至历史最低的80.2%，2012年回升至82.3%。可以看出，22年间生产成本构成比重下降了约10个百分点，相应地被土地成本所占比重替代。1990年，粮食生产中土地成本约为每亩9.4元，至2012年上升至166.2元，增长了156.8元，提高了16倍；在粮食生产总成本中构成比例也由6.5%，上升至17.7%，提高了约10%。土地成本构成比重的相对上升，反映出农用耕地的机会成本在20多年间不断提高。但从总体上看，生产成本依旧构成了粮食生产总成本的最主要部分，现今生产成本与土地成本约为4:1，生产成本的变动决定了粮食生产总成本变化特征。1990—2012年粮食生产每亩总成本的构成见表3-8。

长期以来，物质与服务费用约占到生产成本的3/5，约占总成本的1/2，但自2010年起生产成本中物质服务费用比重开始下降（图3-5）。1990—2012年间粮食生产的每亩平均物质与服务费用大幅上涨，2012年为398.3元，相比1990年提高了3.78倍。1990年物质与服务费用占到生产成本的62.4%，至2009年该比例长期保持在60%水平附近，最高值为64.9%（1994年），最低值为57.1%（1997年）。但自2010年开始，物质与服务费用在生产成本中的比例出现下降，由当年的57.9%下降至次年的55.9%，2012年该比例仅为51.7%，为22年来最低值。反观人工成本近年来在生产成本中的比重显著增加，由2010年的42%迅速增加至2012年的48.3%。对工日和工价的分析可以看出，22年间人工成本的迅速增高完全是由用工价格快速增长造成的。随着其他生产要素特别是机械使用对劳动力形成的有效替代，粮食生产中每亩平均劳动工作日投入由1990年的17.3天持续下降至2012年的6.1天，减幅达到64.7%，年均减少2.9%。同期，用工日价格显著提高，由每用工日2.9元提高至56元，增长了近18倍，年均增加83.2%，一减一增间表明用工日价格的大幅增加是人工成本显著提高的唯一原因（表3-8）。

表3-8　1990—2012年粮食生产每亩总成本的构成　（单位：元）

年份	总成本	生产成本	其中：		工日	工价
			物服费用	人工成本		
1990	142.89	133.52	83.35	50.17	17.3	2.9
1991	153.93	142.77	85.89	56.88	15.8	3.6
1992	163.79	151.63	89.62	62.01	15.9	3.9
1993	178.58	164.24	99.46	64.78	15.8	4.1
1994	239.37	219.44	142.43	77.01	15.1	5.1
1995	321.76	294.39	178.32	116.07	15.9	7.3
1996	388.7	354.98	202.69	152.29	15.7	9.7
1997	386.05	355.57	202.57	153	15.3	10
1998	383.85	331.63	195.62	136.01	13.4	9.6
1999	370.68	321.15	192.72	128.43	11.3	9.5
2000	356.18	309.22	182.87	126.35	11.7	10
2001	350.61	308.04	179.39	128.65	11.5	10.4
2002	370.4	319.37	189.32	130.05	11	11
2003	377.03	324.3	186.64	137.66	10.6	11.2
2004	395.45	341.38	200.12	141.26	9.44	13.7
2005	425.02	363	211.63	151.37	9.15	15.3
2006	444.9	376.65	224.75	151.9	8.29	16.9
2007	481.06	399.42	239.87	159.55	7.79	18.7
2008	562.42	462.8	287.78	175.02	7.33	21.6
2009	600.41	485.79	297.4	188.39	6.9	24.8
2010	672.67	539.39	312.49	226.9	6.59	31.3
2011	791.16	641.41	358.36	283.05	6.49	40
2012	936.42	770.23	398.28	371.95	6.11	56

数据来源：根据《全国农产品成本收益资料汇编2007》《全国农产品成本收益资料汇编2013》数据整理

近年来工日价快速上涨，又造成了生产成本中人工成本比例显著提高。由图3-6可以看出，22年间每亩劳动投入量以年均3%~4%的速率，呈线性形态下降；反观工资增长，则表现为指数上升的形态，增长量平均约五年翻一番。2010—2012年，每亩用工日累计减少了22%，而工日价却累计上涨了200%，两者结合造成人工成本在两年间整体提高了133%，远高于同期物质与服务费用66%的增幅水平。因此，工日价格近两年的快速增长，是造成的生产成本中人工成本比例上升，物质与服务费用比例下降的主要原因。

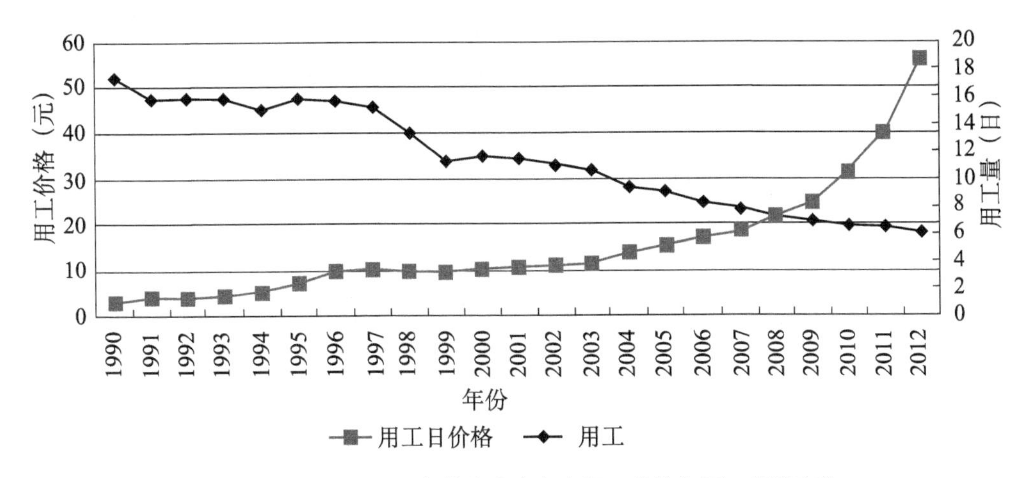

图 3－6　1990—2012 年粮食生产每亩用工价格与用工量的变化

数据来源：《全国农产品成本收益资料汇编 2007》《全国农产品成本收益资料汇编 2013》

良种、化肥和农药等现代化学生产要素的广泛使用，机械化程度的不断深入，以及灌溉水平的提高，也是造成物质与服务费用显著的扩张的主要原因。1990—2012 年物质与服务费用构成变化见图 3－7。1990—2012 年，物质服务费用由每亩 83.4 元上升至 398.3 元，增长了近 4 倍（表 3－9）。该时期物质服务费用的巨幅扩张，主要来自于种子、化肥、农药、机械和排灌等五方面费用在数量与构成上的显著提高。增长上，在 22 年间，5 个方面费用合计提高了 5 倍，其中，每一项费用支出的增幅水平均高于物质服务费用的增幅水平，这说明五方面投入的增加带动提高了物质服务费用整体水平的上扬。构成上，5 种费用在物质与服务费用中所占比例，由 1990 年的 60.6% 大幅跃升至 2012 年的 89.9%，提升了约 30 个百分点，从 90 年代初期的 3/5 提高至今天基本上已涵盖了粮食生产中全部物质服务费用。特别是 2003 年之后的 9 年间，五方面支出费用的总金额与物质服务费用

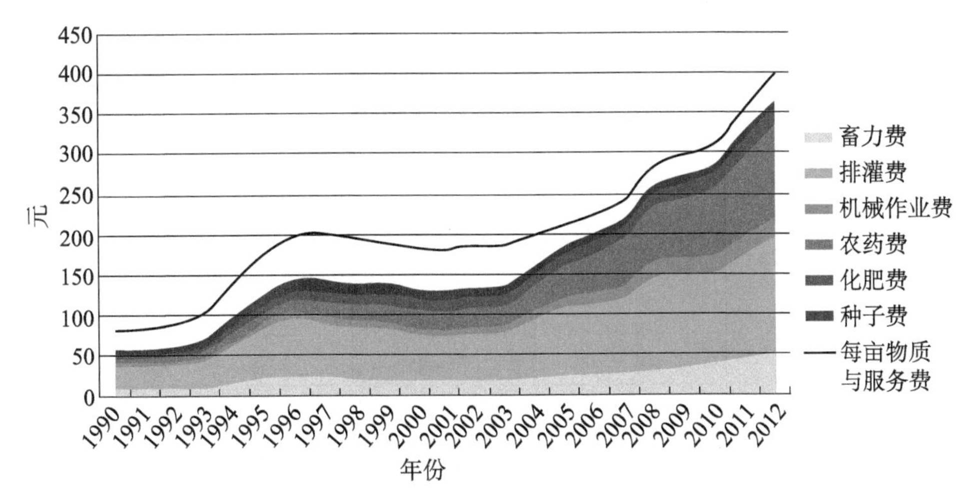

图 3－7　1990—2012 年物质与服务费用构成变化

数据来源：根据《全国农产品成本收益资料汇编 2007》《全国农产品成本收益资料汇编 2013》数据绘制

中所占比例均呈现飞跃式的提高。22 年间，五种费用每亩支出合计上升 307 元，其中的 233 元来自于这一时期；物质服务费用中构成比例合计提高了 29.3 个百分点，其中，22.9 个百分点来自于这一时期。合计支出的增加与构成比例的增长反映出，随着政府对农业生产支持力度加大，农户显著增加了在生产中良种、化肥、农药、机械和灌溉投入。从 20 多年的物质服务费用构成变化来看，当今农户比过去在粮食生产中更加注重良种、化肥和农药等生化要素的投放，更重视生产机械化作业水平的提高。同时，排灌费用的变化特征也反映出农田水利设施与技术条件取得了改善与发展，是促进粮食生产力水平的不断提高的重要原因。

表 3－9　1990—2012 年粮食生产每亩物质与服务费用变化与构成　（单位：元，%）

年份	物质与服务费用	种子费	化肥费	农药费	机械作业费	排灌费	畜力费
1990	83.35	10.65	27.77	3.33	5	3.74	8.33
1991	85.89	9.45	28.68	3.63	5.99	4.51	8.59
1992	89.62	9.64	30.01	3.73	6.72	5.06	7.8
1993	99.46	10.13	33.56	4.04	8.04	5.63	8.75
1994	142.43	15.82	46.12	5.85	12.49	10.29	11.19
1995	178.32	22.65	62.79	7.33	13.21	9.42	14.07
1996	202.69	24.97	72.11	8.29	15.74	11.07	15.08
1997	202.57	22.63	68	8.3	18.44	13.88	15.3
1998	195.62	20.71	64.43	8.25	20.38	12.84	14.28
1999	192.72	21.25	62.75	8.69	21.22	14.98	12.82
2000	182.87	18.94	57.37	8.12	22.85	15.67	12.14
2001	179.39	18	54.76	8.31	22.79	15.5	12.01
2002	189.32	20.32	57.27	8.7	23.78	14.77	11.16
2003	186.64	19.07	57.93	9.22	24.09	14.72	10.61
2004	200.12	21.06	71.44	11.55	31.58	15.01	10.13
2005	211.63	24.9	84.31	14.38	37.73	15.27	10.26
2006	224.75	26.29	86.81	16.15	46.73	16.79	9.76
2007	239.87	27.57	90.8	18.17	54.44	18.48	10.06
2008	287.78	30.58	118.49	20.61	68.97	16.28	10.95
2009	297.4	33.58	117.55	20.66	72.6	19.45	10.15
2010	312.49	39.74	110.94	22.39	84.94	19.08	9.17
2011	358.36	46.45	128.27	23.39	98.53	23.97	9.03
2012	398.28	52.05	143.4	26.21	114.48	21.99	8.19
增长率							
1990—2003	124	79	109	177	382	294	－43
1990—2012	378	389	416	687	2 190	488	－79

数据来源：根据《全国农产品成本收益资料汇编 2007》《全国农产品成本收益资料汇编 2013》数据整理

所有支出项目中，机械使用费用在所有项目支出中增长程度最为明显。在这一时期，机械使用费用由每亩 5 元上升至 114.5 元，提高了约 21 倍；物质与服务费用中构成比例由 6% 提升至 28.7%，增长了约 23 个百分点，可见机械已成为现今粮食生产中不可或缺的投入要素。反观畜力费用支出，虽然 1990 年与 2012 年水平基本持平，但在物质与服务费用中所占比例却由10%下降至2.1%，现今投入中畜力已让位机械力退至次要位置。在劳动力价格正变得越发高昂的背景下，粮食生产中劳动投入量在不断下降，劳动力与畜力等传统要素投入已经被广泛的机械使用显著替代，22年间我国粮食生产已走上了一条机械化发展的道路。种子、化肥、农药和排灌费用虽然在绝对值上增幅明显，但在物质与服务费用中构成比例变化并不大。同期，四项费用在物质服务费用中的构成比例仅分别提高了0.3%、2.7%、0.6%和1%，远低于机械费用的28.7%增幅水平。由此可见，虽然物质与服务费用的显著提高来自于五个方面投入的全面扩张，但机械使用费用的大幅度提升作用，是造成物质服务费用结构产生变化的首要原因。通过对物质服务费用构成的分析可以发现，农户在粮食生产行为最大的变化在于使用机械对劳动力与畜力的充分替代。

五、我国粮食生产成本收益的变化特征

我国粮食的商品化率在50%左右，农户出售粮食所获得现金收益，在第二年购买生产资料以进行再生产。因此，市场的供求关系影响价格，而价格的变化影响农民的经营收益预期与生产决策，进而影响着粮食产量。如何借助价格机制使粮农维持着合理的经营收益率，以保证生产积极性，是保障我国粮食充分供给的关键所在。本研究中粮食生产收益指标基于"净利润=产值-总成本"与"利润率=净利润/总成本"的原则加以计算，以此来对1990—2012年间我国农户种粮成本收益状况做出分析。

图3-8显示了我国粮食生产净利润与利润率的变动特征，1990—2012年粮农的年平均利润为120.3元/亩，年均利润率约为30.7%，种粮的经济效益在年度间起伏变化较大，每亩净利润与利润率变化呈现显著阶段性。从净利润的角度上看（图3-9），1994—1996年间以及2004—2012年两个时期中农户种粮的净利润水平较高。其中，1994年、2010年与2011年种粮的净利润均超过了220元/亩，约为22年间平均净利润额的2倍。而1999—2003年间，由于粮食价格持续走低，农户种粮的经济效益持续低迷，每亩的净利润均不足40元。特别是2000年，种粮的每亩净利润为-3.2元，种粮食会导致农户家庭亏损，粮食价格的持续走低造成了"谷贱伤农"。2004年之后，随着国家对粮食生产扶植力度的不断加强，每亩净利润水平整体上扬。2005—2011年，种粮农户每亩净利润出现了连续递增，由122.6元持续上升至250.7元，增加了128元，增幅达到104%，是继1991—1995年之后第二个快速增长期。这一时期，产值的迅速提升是每亩净利润水平增长的主要原因。2011年相比2005年，每亩粮食产值提高了494元，增幅约为90%，而同期每亩总生产成本仅提高了366元。产值提升是单产水平的提高与粮食价格上扬共同作用的结果，期间每千克粮食价格提高了71%，平均每亩粮食产量提高了12%。

1990—2005年，农户种粮成本利润率的变动与净利润的表现大体一致，表现为先增后减再增，但2005年之后略有不同。1993—1996年间是粮食生产收益率最高的时期，年均每亩利润率超过了60%，是难得的利润率与净利润"双赢"时期。其中，1994年每亩利

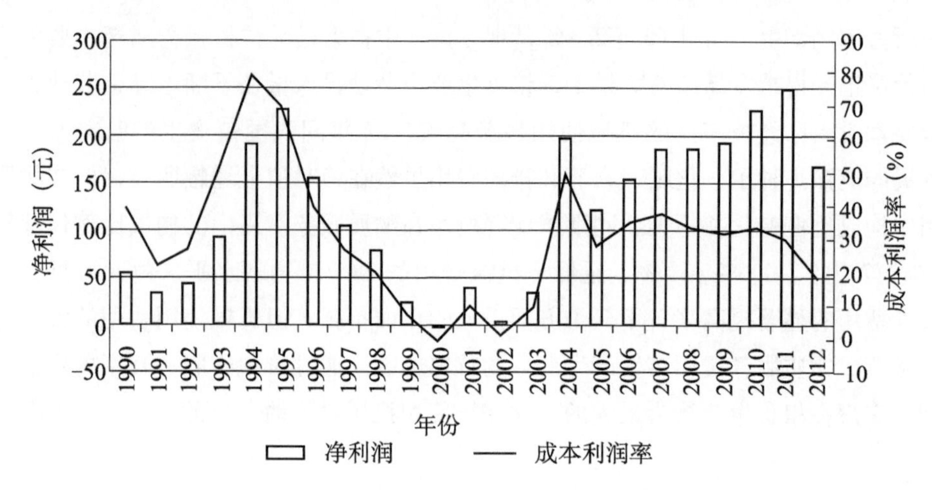

图 3-8　1990—2012 年粮食每亩产出净利润与成本利润率的变化

数据来源：根据《全国农产品成本收益资料汇编 2007》《全国农产品成本收益资料汇编 2013》数据绘制

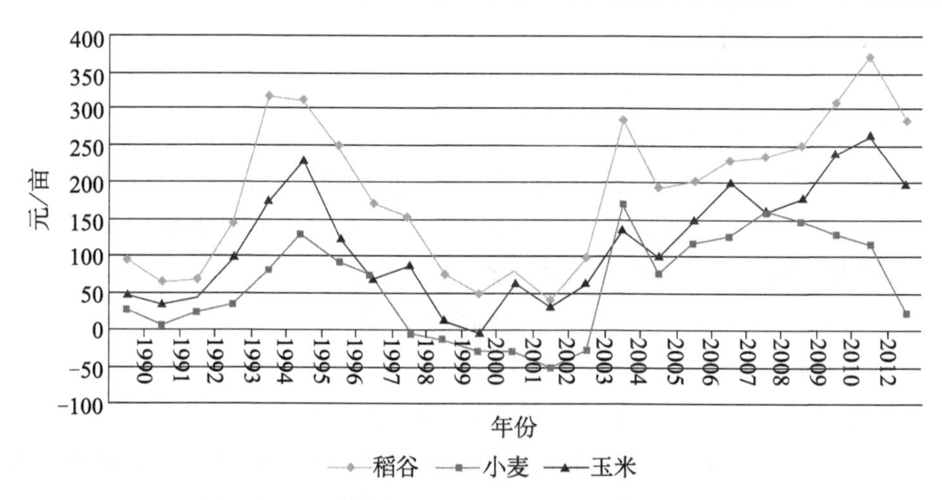

图 3-9　1990—2012 年三种粮食的净利润变化

数据来源：根据《全国农产品成本收益资料汇编 2007》《全国农产品成本收益资料汇编 2013》数据绘制

润率为历年最高，达到 79.9%。但从次年开始，种粮的利润率连续六年不断下降，至 2000 年每亩粮食产出的利润率最低仅为 -0.89%，此后 4 年时间里农户很难从粮食生产中获得显著地经济效益。2004 年，种粮利润率实现跨越式的增长，由前一年的 9.1% 猛增至 49.7%，接近于 1993—1995 年历史上最高水平时期。至 2011 年，尽管每亩粮食生产的净利润出现了上升的态势，但成本利润率稳定保持在 35% 左右，并没有呈现出显著提高。在粮价与产量水平均持续上升的背景下，每亩粮食产值不断走高，但生产的利润率却趋于稳定，原因在于生产成本的快速增长抑制了利润率的提高。2005—2011 年，每亩粮食产值年均增长 11.4%，而每亩生产总成本年均增长 11%，两者增速接近是利润率徘徊不前的原因。2012 年，粮食生产的经济效益表现不尽如人意，应引起警惕。尽管该年粮食总产量与粮食价格相比前一年均创新高，但相比前一年每亩净利润减少了 82.3 元，利润率下降约 13%，没有延续 2005—2011 年的稳健势头。粮食价格上涨幅度较低，造成每亩粮食产值增加低于粮食生产总成本的增加，是粮农经济效益整体上出现显著滑坡的原因。2012 年相比 2011 年，农户每亩粮食产量平均提高了 9 千克，每千克粮食出售的平均价格上升 0.09 元，每亩（1 亩≈667 平方米，全书同）地产值提高了 63 元，而每亩地的生产总成本提高了 169 元，产值的上升难于弥补成本的迅速增加。纵观 20 余年的变化，我国农户种粮的经济效益经历了较大程度的波动起伏，近年来虽总体趋于稳定，但近年来生产成本快速增加，出现了经济效益恶化的苗头，应加以警惕重视。

长期以来，三种主要粮食作物中稻谷的经济效益最高，玉米次之，小麦生产的经济效益最低（图 3－9 和图 3－10）。1990—2012 年，稻谷生产的年均利润率为 41.4%，高于玉米的 32% 以及小麦的 16%；稻谷生产的年均每亩净利润为 186 元，约为玉米的 1.6 倍，是小麦的 3 倍。出个别年份外，玉米无论在净利润水平还是利润率方面均优于小麦。1998—2003 年间，粮食生产的经济收益整体低迷，稻谷与玉米较高的利润空间使得种植户的经营能够维持，但小麦的利润空间较小，导致小麦种植户在这一时期连续五年出现经营亏损。其中 2002 年，每亩小麦的亏损率达到了 15.4%，损失为各品种历年最高。2004 年之后，由于政府出台最低收购价格政策进行托市，三种粮食的经济效益整体上开始持续向好，稻谷和玉米生产的净利润空间在波动中扩大明显，其成本收益率也趋于稳定在 40% 和 30% 左右。小麦生产的净利润与利润率在 2008 年后均表现为连年下降，拖累了粮食经济效益的整体表现。2011 年相比 2008 年，小麦的每亩净利润由 164.5 元下降至 117.9 元，降幅达到 28%。2012 年在粮食收益水平全面下滑的背景下，小麦生产的利润率仅为 2.6%，每亩净利润仅为 21.3 元，远低于稻谷和玉米收益水平。1990—2012 年三种粮食的净利润与成本利润率比较见表 3－10。

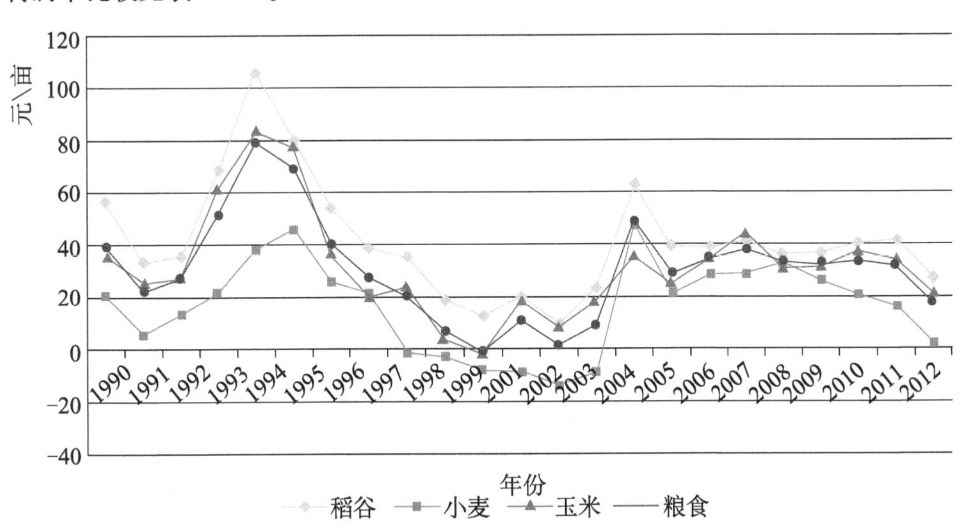

图 3－10　1990—2012 年三种粮食的成本利润率变化

数据来源：根据《全国农产品成本收益资料汇编 2007》《全国农产品成本收益资料汇编 2013》数据绘制

表 3-10 1990—2012 年三种粮食的净利润与成本利润率比较 （单位：元/亩）

年份	稻谷		小麦		玉米		粮食	
	利润	利润率	利润	利润率	利润	利润率	利润	利润率
1990	95.16	56.21	26.93	20.97	46.64	35.6	56.26	39.37
1991	62.37	33.10	6.34	4.58	33.99	25.13	34.33	22.30
1992	67.68	35.20	21.18	14.19	42.34	28.12	44	26.86
1993	145.13	68.70	35.63	20.99	95.81	61.74	92.33	51.70
1994	316.65	106.23	82.3	38.60	173.32	83.83	190.73	79.68
1995	311.10	79.48	130.54	46.34	230.09	78.75	223.91	69.59
1996	247.46	54	92.9	25.84	123.77	35.24	155.67	40.05
1997	171.75	38.15	74.82	21.41	69.75	19.46	105.41	27.30
1998	155.92	35.64	-6.22	-1.73	88.23	24.74	79.29	20.66
1999	75.75	17.82	-12.06	-3.42	11.19	3.32	25.58	6.90
2000	50.07	12.47	-28.78	-8.16	-6.88	-2.07	-3.22	-0.89
2001	81.38	20.32	-27.5	-8.49	64.25	19.6	39.43	11.25
2002	37.55	9.03	-52.67	-15.36	30.82	8.77	4.86	1.31
2003	97.30	23.35	-30.28	-8.91	62.78	18.06	34.21	9.07
2004	285.09	62.71	169.58	47.65	134.94	35.92	196.50	49.69
2005	192.71	39.06	79.35	20.37	95.54	24.36	122.58	28.84
2006	202.37	39.05	117.69	29.08	144.76	35.16	154.96	34.83
2007	229.13	41.27	125.30	28.57	200.82	44.66	185.18	38.49
2008	235.62	35.43	164.51	33	159.22	30.42	186.39	33.14
2009	251.2	36.77	150.51	26.54	175.37	31.82	192.35	32.04
2010	309.82	40.41	132.17	21.36	239.69	37.89	227.17	33.77
2011	371.27	41.39	117.92	16.56	263.09	34.43	250.76	31.70
2012	285.73	27.08	21.29	2.56	197.68	21.39	168.40	17.98
增长 1990—2012	200	-52	-21	-88	324	-40	199	-54
平均 1990—2012	186.01	41.43	60.50	16.20	116.40	32.01	120.30	30.68

数据来源：根据《全国农产品成本收益资料汇编 2007》《全国农产品成本收益资料汇编 2013》数据测算

六、小　结

改革开放以来，在总播种面积出现下降的背景下，我国粮食生产实现了整体上增长的态势。其中，科技进步与生产要素积累推动了粮食单产水平的显著提升，是粮食连续增产的最主要原因。农业基础设施建设与防控灾害能力的不断加强，降低了粮食生产的自然风险，为持续增产提供了保障。出于保证口粮安全的战略考虑，近年来我国粮食的种植结构发生了明显调整，大豆播种面积显著下降，节约的面积向稻谷、玉米和小麦生产方向集中，这显著推动了三种主要粮食作物产量的持续增产。分品种看，30 余年间玉米增产对粮食总产量递增贡献最大，2012 年开始在总产量方面已成为我国第一大粮食作物。

20 世纪 90 年代以来，粮食价格经历了先增后减再增的过程，总体上呈现出上扬的态势。2002 年之前，稻谷与小麦价格接近，均显著高于玉米价格。2002 年之后，在粮价持续走高的背景下，稻谷价格迅速上涨，逐渐拉开了与小麦和玉米价格差距，成为出售价格最高的主要粮食作物。

同期，粮食生产的总成本就整体而言呈现出大幅增长的态势，经历了先增后减，2003 年之后再持续递增的波动过程。近年来，土地成本占总成本中的比例有所增加，但生产成本依旧是总成本中主要组成部分，约占总成本的 80% 以上。2008 年之后，生产成本中物质与服务费用所占比例持续下降，人工成本所占比例显著上升。在粮食生产中用工投入不断下降的背景下，劳动力工资的大幅上涨是推高人工成本的惟一因素。在生产成本中，物质与服务费用支出水平总体上呈现大幅度上涨的态势，期间大幅增加的化肥、农药、种子、机械以及排灌费用，是推动上涨的主要因素。20 余年间，五方面费用在物质与服务费用中的构成比例显著上升，其中，机械的增幅比例最大，而畜力费用所占比例明显下降。对物质与服务费用构成与变化特征的分析反映出，我国粮食生产中生物化学要素投入日益密集，机械化水平显著提高，对传统的人力与畜力形成了有效替代。

1990—2012 年，粮食生产的收益水平经历了较大的起伏变化。2005—2011 年，农户种粮利润率趋于稳定，保持在 30% 以上水平，期间产值的迅速增长导致每亩净利润呈现持续增长的态势。分品种来看，稻谷生产利润率最高，玉米次之，小麦最低。2008 年之后，稻谷与玉米的收益水平持续走高，而小麦生产的经济效益不断下降。2012 年，三种粮食的利润率与净利润均较前一时期出现大幅下滑。粮食价格的涨幅较小，导致产值增加低于生产成本的增加是造成这一现象的原因。综合分析可以发现，近年来粮食生产的产值与生产总成本增速同步，造成了粮食生产的每亩净利润虽显著提高，但利润率却变动不大的特征。欲提高粮食生产的经济效益，当务之急在于保证粮食价格向好的前提下，遏制生产成本的快速上升。

第四章　土地规模对农户种粮收益的影响

一、引　言

本书对于种粮收益问题的研究，一个重要切入点在于讨论土地经营规模对粮食生产收益的影响。政府在有条件的地区推动土地适度规模经营政策的目的，便在于提高农业劳动生产率，增加当地农民的种粮收益。该政策是构建新型农业经营体制的组成部分，是长期以来农村土地改革的方向。针对土地规模对种粮收益影响的研究，期望能够提出有价值的结论，对于完善粮食生产中土地适度规模政策有所帮助。

推动土地适度规模经营是当今我国农业经营管理体制改革中的重要命题，这一命题的提出至最终确立与我国的农村改革相始终。1978—1984 年，家庭联产承包责任制在我国农村得到了迅速的推广与确立，极大地提高了农业生产力，实现了农民收入的增加。在 1985 年中期以后，随着农业流通领域的经济改革不断深化，乡镇企业在发达农区和大城市郊区逐渐兴起，部分农村劳动力以“离土不离乡”为原则寻求增收渠道，因此，出现了部分土地闲置不用，而有种田意愿的人却难寻土地的情况。基于这种现象，1986 年的“中央 1 号文件”提出，随着农民向非农产业转移，“鼓励耕地向种田能手集中，发展适度规模的种植专业户”，这是适度规模的表述第一次明确出现在中央文件中。此后的 1987—1992 年，国家在京、津、沪郊区、苏南地区和珠江三角洲等发达地区的农村展开了土地适度规模化的试点，以探索土地集约的经验，逐渐摸索出土地流转的模式。自 1993 年起，中央通过一系列政策决议，逐步确立了土地适度规模经营的基本政策。在 2003 年、2005 年和 2007 年，国家分别颁布实施了《农村土地承包法》《农村土地经营权流转办法》以及《物权法》，进一步完善了土地承包权流转的立法工作，为土地适度规模经营提供了法理基础，将农地利用与管理逐渐纳入法制化框架下。2008 年十七届三中全会所发布的《中共中央关于推进农村改革发展若干重大问题的决定》，在稳定和完善农村基本经营制度的条件下，再次对土地适度规模化提出了要求，即要建立一个规范化的市场平台为农民提供流转土地承包经营权服务，以便发展多种形式的适度规模经营（韩学平，2010）。

经济学理论指出，提高农业劳动生产率的直接途径是扩大单位劳动力的土地经营规模，并通过现代生产技术要素投入的增加提高土地产出率。提高土地产出率需要依靠政府对农业加大关注，进行政策扶持。在加大农业投入集中力量有效拉动农业科技水平的同时，提高农业固定资产占国民经济总固定资产的份额，促进土地生产率水平的改善，这是现阶段无法借助市场力量所能完成的。而就扩大劳均土地规模而言，在我国土地资源相对稀缺的背景下，扩大一部分农业劳动者的土地经营规模是以另一部分农业劳动者离开土地经营为前提的，这就需要努力发展非农经济，形成农村劳动力向城镇工商服务业转移，使他们的谋生方式脱离农业生产离开土地（国务院农村发展研究中心，1990）。这样，在农业内部通过提高劳均土地面积来改进农业劳动生产率，使务农者通过种粮实现增收成为了可能。将农业劳动生产率努力提高到与城市接近水平，才能增加农民的家庭收入，缩小城乡收入分配差距，逐渐实现城乡经济社会的一元化，这是农村改革的核心目标。发展土地适度规模经营，是为了推进农业现代化，需要年轻的懂技术的新型专业化农民参与进来。土地适度化规模经营政策与农业现代化政策、培养新型农业经营主体形成了相互补充，共同成为新型农业经营政策体系的重要组成部分。因此，研究探讨土地规模对农民种粮收益的影响，具有很强的政策意义。

家庭经营规模较小的农户往往是价格的接受者，提高粮食产量是他们提高种粮收入的仅有手段。通过土地流转集中，提高所耕作的土地资源，可以直接提高农户的粮食产量水平，但也增加了生产经营成本。如果土地规模经营不能带来额外报酬，形成规模经济，那么农户便有可能难以弥补土地流转集中所产生的额外成本，也没有参与生产的积极性。同时，若土地适度规模经营会导致粮食减产，也有悖于提高种粮收益以保障粮食供给安全的初衷。因此，考察土地规模对种粮收益的影响，要研究土地对粮食产出水平的作用。此外，外生价格条件不变，在规模扩大的条件下，规模报酬递增将会提高种粮收益水平。我们需要了解土地投入对粮食产量的贡献、粮食生产的规模报酬，以及土地规模变动对单位面积产出所产生的可能影响，从而对理论推导结果加以验证，以此反映出土地投入在种粮收益中的作用。

基于以上认识，本研究关注以下几个问题：

第一，各生产要素对于粮食产量提高具有怎样的贡献？其中土地投入（播种面积）的作用有多大？

第二，我国粮食生产中产量是否存在规模报酬递增的情况？

第三，我国粮食生产的单位面积产量是否随土地规模的增大而出现下降？

第四，我国的粮食生产是否存在平均成本随土地规模的增大而出现下降的情况？

二、分析框架与模型设定

分析框架由农户粮食生产的投入产出模型、土地经营规模对土地生产率影响模型和土地经营规模对粮食生产成本影响模型等三个模型构成。

（一）农户粮食生产的投入产出模型

在研究中国农业生产力与规模收益状况时，前人多基于构造 C—D 形式的生产函数模型，采用宏观加总数据进行研究（Wan and Anderson，1990；Fan，1991；Lin，1992；等）。这样的研究方法具有操作简单的特点，但其不足也是显而易见的：首先，采用加总数据所含信息普遍太少，往往会导致信息的无效、丢失，使计量结果产生显著的偏差。尤其对于因变量采用价值量的加总，模糊了不同粮食品种间生产函数的差异。其次，C-D 函数形式对投入要素间完全替代的假定过于理想化。在中国，土地资源的稀缺，劳动力的过剩以及农业信贷支持的普遍缺乏，都会造成生产要素间存在着不完全替代的关系，C-D 函数结构并不能充分拟合出中国农业生产的现实状况。

考虑到种种制约因素，不少研究者转向采用微观农户数据，构造超越对数生产函数模型（Translog Function Model）来对粮食生产能力与规模报酬问题展开研究（Wan and Cheng，2001；许庆，等，2011）。较大样本下的微观数据，无论在指标类型还是样本数量上均能够提供较为丰富的信息，较大的自由度使得计量分析更为有效率，而超越对数生产函数在兼具可操作性的同时，弥补了 C—D 函数的不足，可变的替代弹性假定更符合我国农业生产的实际情况。但是，超越对数函数由于本身对二次项与交叉项的假定，在计量分析中也面临着难以克服的多重共线性问题需要克服。综合以上考虑，本研究采用大样本的微观数据，并分别引入 C-D 生产函数与超越对数模型，对我国小麦、玉米和水稻生产投入产出弹性，规模报酬情况进行比较研究。

1. 生产函数的设定

在研究测算农业生产能力与规模报酬状况时，农户粮食生产函数的一般形式可被表示为如下模型：

$$Q_i = F_i\ (A_i,\ L_i,\ F_i,\ K_i,\ Edu_i,\ Age_i,\ P_i) \qquad (式4-1)$$

（式4－1）中，Q 表示第 i 个农户小麦、玉米或水稻等粮食作物的产量；F（.）表示实体投入要素的农业生产函数形式；A（土地）、L（劳动）、F（生化投入）、K（非生化投入）分别为生产环节直接投入的要素；Edu（教育年限）与 Age（户主年龄）为劳动力素质指标，分别为农户家庭成员最高受教育年限与户主年龄；P 为农户土地质量指标，用辛普森指数来体现农户土地破碎化程度。Edu、Age 与 P 等指标的设定，能够实现对 L 与 A 提供信息上的补充，使得模型更加完整。假定劳动力素质指标与土地质量指标仅对粮食生产效率施加“中性影响”，即不对实际投入要素的边际产出与产出弹性产生可被捕捉到的作用，若 F(.）为 C-D 函数形式，则一般形式转化为模型：

$$Q_i = A_i^{\alpha_1} L_i^{\alpha_2} F_i^{\alpha_3} K_i^{\alpha_4} e_i^{\beta_0 + \beta_1 Edu_i + \beta_2 Age_i + \gamma P_i} \qquad (式4-2)$$

对（式4－2）两边取对数，可得出用于计量的模型：

$$\mathrm{Ln}Q_i = a_0 + a_1\mathrm{Ln}L_i + a_2\mathrm{Ln}A_i + a_3\mathrm{Ln}F_i + a_4\mathrm{Ln}K_i + b_1 Edu_i + b_2 Age_i + gP_i + dD_i + e_i \qquad (式4-3)$$

（式4－3）中，A、L、F、K、Edu、Age、P 等指标与前文相同，D 为地区虚拟变量。（式4－1）若不假设 F(.）的具体形式，则可一般地表示为 Translog 函数形式：

$$\mathrm{Ln}Q_i = \alpha_0 + \sum_{j=1}^{4}\alpha_{ij}\mathrm{Ln}X_{ij} + \frac{1}{2}\sum_{j=1}^{4}\sum_{k=1}^{4}\alpha_{ijk}\mathrm{Ln}X_{ij}\mathrm{Ln}X_{ik} + \beta_1 Edu_i + \beta_2 Age_i + \gamma P_i$$

（式4－4）

（式4－4）中，X_{i1}，X_{i2}，X_{i3}，X_{i4}，分别为A_i、L_i、F_i、K_i。假设函数满足对称性，即$\alpha_{ijk}=\alpha_{ikj}$，可进一步得到用于参数估计的 Translog 函数的模型：

$$\begin{aligned}\mathrm{Ln}Q_i = {} & \alpha_0 + \alpha_1\mathrm{Ln}L_i + \alpha_2 LnA_i + \alpha_3\mathrm{Ln}F_i + \alpha_4\mathrm{Ln}K_i + \frac{1}{2}\alpha_{11}(\mathrm{Ln}L_i)^2 + \frac{1}{2}\alpha_{22}(\mathrm{Ln}A_i)^2 \\ & + \frac{1}{2}\alpha_{33}(\mathrm{Ln}F_i)^2 + \frac{1}{2}\alpha_{44}(\mathrm{Ln}K_i)^2 + \alpha_{12}(\mathrm{Ln}L_i)(\mathrm{Ln}A_i) \\ & + \alpha_{13}(\mathrm{Ln}L_i)(\mathrm{Ln}F_i) + \alpha_{14}(\mathrm{Ln}L_i)(\mathrm{Ln}K_i) + \alpha_{23}(\mathrm{Ln}A_i)(\mathrm{Ln}F_i) \\ & + \alpha_{24}(\mathrm{Ln}A_i)(\mathrm{Ln}K_i) + \alpha_{34}(\mathrm{Ln}F_i)(\mathrm{Ln}K_i) + \beta_1 Edu_i \\ & + \beta_2 Age_i + \gamma P_i + \delta D_i + \varepsilon_i\end{aligned}$$

（式4－5）

若满足 $\alpha_{ijk}=0$ 则 Translog 函数模型等同于 C-D 函数模型。

2. 要素产出弹性与规模报酬

假设E_1，E_2，E_3，E_4分别代表第i个农户小麦、玉米或水稻生产中，劳动、土地、生化投入与非生化投入等要素的产出弹性，在 C-D 函数中$E_1=\alpha_1$，$E_2=\alpha_2$，$E_3=\alpha_3$，$E_4=\alpha_4$。在 Translog 函数中，第i种要素产出弹性的计算方法如下：

$$E_i = \alpha_i + \sum_{j=1}^{4}\alpha_{ij}\mathrm{Ln}X_j$$

（式4－6）

规模报酬弹性系数E_s为：

$$E_s = \sum_{i=1}^{4}a_i + \sum_{i=1}^{4}\sum_{j=1}^{4}a_{ij}\mathrm{Ln}X_j$$

（式4－7）

其中，$\mathrm{Ln}X_j$采用样本的平均值。若E_s大于1，则说明生产处于规模报酬递增阶段；若E_s小于1，则说明处于规模报酬递减阶段；若E_s等于1，则说明处于规模报酬不变阶段。

（二）土地经营规模对土地生产率影响模型

在研究农户土地经营规模对粮食土地生产率时，本研究采用如下模型：

$$\mathrm{Ln}AP_i = a_0 + a_1\mathrm{Ln}A_i + a_2\mathrm{Ln}P_i + a_3 Edu_i + a_4 Age_i + \delta D_i + e_i$$

（式4－8）

（式4－8）中，被解释变量分别为第i个农户生产一种粮食（小麦、玉米或水稻）作物当年单位土地面积产量（AP_i）。解释变量分别为A（土地）、P（土地破碎化程度）、农户特征变量Edu（农户受教育程度）、Age（户主年龄）以及区域特征变量D（区域虚拟变量）。本研究各解释变量的选择与农户生产函数模型中解释变量相同，主要检验土地规模化与土地生产率的反向关系假说是否成立。

（三）土地经营规模对粮食生产成本影响模型

在研究土地规模经济状况时，本文采用（式4-9）考察土地经营规模对粮食平均生产成本的影响：

$$LnAC_i = a_0 + a_1 LnA_i + a_2 LnP_i + a_3 Edu_i + a_4 Age_i + \delta D_i + e_i \quad \text{（式4-9）}$$

（式4-9）中，被解释变量分别为第 i 个农户生产一种粮食（小麦、玉米或水稻）作物当年每单位产品上所消耗的物质投入成本（AC_i），即平均成本。解释变量与单产研究相同，分别为 A（土地）、P（土地破碎化程度）、农户特征变量 Edu（农户受教育程度）、Age（户主年龄）以及区域特征变量 D（区域虚拟变量）。没有将农户在土地方面以及运输收割方面所花费的费用统计在内，是本研究的一个局限性，因此成本并没有完全体现出粮食生产过程中消耗的物质与服务总费用的影响。

三、异方差与多重共线性问题的处理

普通最小二乘法（OLS）是计量回归分析的最为普及的方法，其在假定上“理想”数据条件下具有理论上的完美性。如果误差分布满足同方差假定（正态、独立、同分布），那么OLS相比其他无偏估计更具有效。然而，实践中所面临的数据对象往往有悖于理论假定，因此OLS并不一定相比其他无偏估计更为有效。特别是OLS容易受到异方差的影响，在特异值较多的样本下有效性下降（汉密尔顿，2008）。所谓异方差是指回归函数的随机误差项分布不满足同方差的假定。在异方差存在的情况下，OLS丧失估计的有效性，尽管估计参数估计量是无偏的，但其标准差纯在偏差，因而无法进行显著性检验。总体上，由于更多的观测值包含着更多的特异值，回归函数在较大的样本条件下，异方差性是无法避免的。

多重共线性问题，是指线性回归模型中解释变量之间由于存在相关关系而使模型估计失真。如果变量之间存在完全的多重共线性，回归方程便会无解，无法获得变量的相关系数。近似多重共线性的存在的情况下，标准误会变得很大，估计量相应变得不显著，使模型丧失有效性而无法进行统计预测，但OLS估计量仍具有线性与无偏性的特点。多重共线性最有可能来源于经济变量之间存在着相关关系，滞后变量的引入或者样本资料的限制。检验多重共线性的方法是就每一个解释变量对所有其他解释变量进行回归，根据回归计算出方差膨胀因子（variance inflation factor，VIF），查看解释变量间方差独立的比例。其中，每一个变量的方差膨胀因子可通过如下式计算：

$$VIF = 1 - R^2 \quad \text{（式4-10）}$$

R^2 为待检验解释变量与其他解释变量回归的拟合优度。方差膨胀因子的倒数 $1/VIF$ 表示该变量方差有多大比例独立于其他变量，VIF 越小说明变量间多重共线性水平越弱，反之越强。事实上，变量间的多重共线性很难完全不存在，一般地，若模型变量的平均 VIF 数值小于10（即目标变量方差10%以上独立于其他解释变量），则认为模型变量间不存在多重共线性；在10与100之间，模型存在较强多重共线性；*VIF*值高于100说明存在严重的多重共线性。

超越对数生产函数由于模型结构存在变量的交叉项与二次项，两者与一次项形成严重的多重共线性是无法避免的，这也是该模型最大的缺陷所在，前人的研究多回避了对这一问题的解决与探讨。虽然这一问题使得Translog模型失去了部分优越性，但估计量依然是无偏的，若二次项与交叉项回归系数显著，仍可以计算出产出弹性与规模弹性。本研究采用C-D生产函数进行比较研究，通过计算C-D函数的*VIF*来考察Translog函数解释变量一次项本身间是否存在显著的相关性。如果发现多重共线性在一次项间不显著，仅发生于二次项与交叉项，那么也可以判断回归结果是值得信赖的。

四、变量设定与数据

（一）变量设定

1. 被解释变量设定

产出变量（Q_i）：采用2010年度微观农户的小麦、玉米或稻谷生产数量，单位为千克。

平均成本（AC）：农户小麦、玉米或稻谷生产中，每一单位产出量所对应的物质消耗费用总和，单位为元/千克。由农户的单位面积总成本除以单位面积产量水平加以获得，即：$AC = ATC/AP$。

土地产出率（AP）：农户小麦、玉米或稻谷生产中，单位土地面积上所对应的产出量水平，单位为千克/亩。由农户的产出变量除以土地变量水平加以获得，即$AP = Q/A$。

2. 解释变量设定

劳动（L_i）：农户生产小麦、玉米或稻谷所投入的劳动力数量，包括家庭劳动力与雇佣的劳动力的投入，按照总用工劳动日加以计量，单位为标准劳动工作日。

土地（A_i）：农户生产小麦、玉米或稻谷所使用的土地面积，以播种面积加以衡量，单位为亩。鉴于数据质量有限，作物复种情况并没有被考虑进来，复种情况会使得播种面积高于农户所拥有的耕地面积，但以播种面积作为土地变量可以正确反映出农户粮食种植中实际的土地要素投入情况。

生化投入（F_i）：2010年度农户在种子与种苗、化肥与农药投入上所花费的费用总额，借此衡量生物化学投入在生产中的贡献，单位为元。三者能够加总的原因除了数据质量以外，更在于都是生物化学方面的可变物质要素投入，在投入方式上具有高度互补性与规模中性（艾丽思，2006）。三种要素背后主要反映出生化技术对于粮食生产的影响，绿色革命带给农业产出率极大地提高，主要来自于良种、化肥与农药的广泛采用对单产的促进作用。此外，通过费用加总来作为变量，也克服了本质不同的要素投入没有共同的物质单位而难于被综合考虑的障碍，加总考虑可以减少多重共线性的困扰，并增大自由度。

非生化投入（K_i）：衡量农户在粮食种植过程中其他实物与现金投入的贡献，主要是为了考察非生化资本投入对于生产的影响。该变量以多种生产资料的支出金额加以计算，共包括了固定资产的折旧及修理费、农业机械作业费、小农具购置费、水电灌溉费用以及其他物质资本所消耗的费用，单位为元。在非生化资本投入中，农用机械作业费用、小农具购置费用、固定资产折旧与修理费是与机械投入密切相关的指标，占据了非生化投入的最大比例。机械投入如同生化投入一样，是在劳力稀缺、土地充裕背景下，人们基于节约劳力的同时增加产量而对农业生产的技术创新。设定生化投入与非生化投入变量的原因，主要出于对我国粮食生产的技术情况加以宏观上的探索。

教育年限（*Edu*）和户主年龄（*Age*）：受教育年限使用户主在校年份表示；户主年龄则以户主2010年实际年龄加以代替。传统经济学理论指出，教育的作用会显著影响人力资本的水平，进而对于经济增长、收入增长与农业发展做出积极贡献，但从模型估计的角度来看，其对于粮食生产的影响并不确定。李谷成（2008）指出，在二元经济社会中，家庭中教育程度高的劳动力往往进入城市打工，脱离了家庭农业生产决策，因此农户家庭的受教育程度与农业生产力指标常常不相关甚至为负。本研究对这两个指标的设置，是考虑到农户特征的差异，代表了农户的经验与技能水平，在数据质量允许的条件下增强模型的严谨性。

土地破碎化程度（*P*）：该变量作为体现土地要素特征的指标，用辛普森指数（Simpson's Index）来加以表示代替，其表达式为：

$$SI = 1 - \frac{\sum_{i=1}^{n} a_i^2}{\left(\sum_{i=1}^{n} a_i\right)^2} \qquad \text{（式 4-11）}$$

其中，n 为家庭拥有的地块总数，a_i 为第 i 块耕地的面积。由此可以推知，$SI \in [0, 1]$，并且农户拥有地块数量的越多，地块面积间越均匀，该指数越高。辛普森指数最初被应用于生物学中探讨物种的多样性，Wu（2005）最早将其用以测度土地破碎化对粮食产出的影响。相比较传统的用地块数量的测度方式，该指数更能够全面的反映出土地的破碎化程度，但其弊端在于需要详尽掌握农户土地的情况，对数据质量要求精度较高。我国农户土地经营规模普遍较小，加之在土地分配过程中兼顾地力与位置影响，使得家庭拥有土地往往被分成多块，土地破碎化现象比较普遍。一方面，土地破碎化对于农业生产的负面影响在于阻碍了农户实现土地规模化经营，沟渠与田埂增加了生产成本，并且阻碍了机械技术等不可分割投入的固定生产要素充分发挥作用。而另一方面，土地破碎化对于传统农业生产却具有积极作用，其形成的狭小地块可以发挥劳动力密集投入的优势，并且农户通过地块间多样化种植与结构调整可以分散市场风险与自然风险（艾丽斯，2006；舒尔茨，2006）。因此，土地破碎化程度对于粮食生产的产出水平与生产成本具有重要影响，但方向上并不确定。

区域虚拟变量（D）：我国幅员辽阔，自然禀赋条件在地区间差异巨大，造成了农业发展在地域上存在不均衡的现象。就粮食生产而言，光照条件的差异决定了由北向南熟制的增多，水资源分布不均导致了不同粮食作物种植分布上的空间差异。另外，地区间在社会经济发展水平的不同，对农业生产会带来未知影响，因此，将地域差异引入模型分析是完全必要的。本书研究对样本农户所处 29 个省份基于七大耕作区域进行划分，根据虚拟变量的引入规则（M 中互斥属性引入 M－1 虚拟变量），设定虚拟变量共 6 个。通过对虚拟变量参数估计，试图体现三种粮食生产区域特征。虚拟变量的设定见表 4－1。

表 4－1　虚拟变量的设定

区域	虚拟变量	省份/地区
华东	—	上海、江苏、浙江、安徽、江西
华北	D1	北京、天津、河北、山西、内蒙古自治区（简称内蒙古）、山东
华南	D2	广东、广西壮族自治区（简称广西）、福建、海南
东北	D3	辽宁、吉林、黑龙江
中部	D4	河南、湖南、湖北
西南	D5	四川、贵州、云南、重庆
西北	D6	陕西、甘肃、宁夏回族自治区（简称宁夏）、青海、新疆维吾尔自治区（简称新疆）

资料来源：作者自行整理

（二）数据说明

本书所采用的数据来自于农业部农村经济研究中心所提供的 2010 年度全国农村固定观察点微观住户数据，该数据开始于 1986 年，共涉及全国 29 个省份包括 20 000 余农户家庭的生产生活资料。在去掉录入错误与数据缺失、以及没有参与三种粮食作物生产的农户资料后，本书分别筛选出小麦种植家庭 6 064 户、玉米种植家庭 7 174 户、水稻种植家庭 8 426 户的样本生产数据进行研究。本书采用大样本的截面数据，具有信息充分的优势，为模型的估计提供了充分的自由度，足够论证解决我们的问题。各地区样本数量分布见表 4－2。

表 4－2　各地区样本数量分布

区域	小麦	玉米	稻谷
华东	1 256	535	2 146
华北	1 612	2 362	136
华南	4	90	1 104
东北	2	2 588	1 198
中部	1 092	916	932
西南	464	700	1 418
西北	1 634	1 212	240
总和	6 064	8 426	7 174

资料来源：作者自行整理

从样本变量描述性统计性特征来看，由于样本数量非常庞大，变量的变异情况较为明显。从平均值的角度分析，三种粮食作物中玉米的户均产量最高（约为稻谷的1.62倍，小麦的2.53倍），其部分原因可以归结为样本农户中播种面积上的差异。三种作物的户均土地投入均值分别为，4.43、5.60与7.79亩，均小于10亩，这说明从土地规模的平均水平上来看，样本具有典型的小农户特征。在劳动投入方面，水稻生产最花费人工，高出小麦生产约30个标准工作日。小麦、玉米、稻谷生产中，生化要素费用与非生化要素费用之比分别为2倍，3.48倍和2.3倍，农户种肥药的投入显著高于在机械工具与固定资产方面的投入。户主的平均年龄基本上在52岁左右，标准差约为10岁，体现出当今我国种粮农户中年化现象明显。家庭的劳动力的最高受教育程度在7年左右，标准差约为2.5岁，据此可推断知识水平多处于初中文化阶段。辛普森指数处于0.31～0.35，靠近于0，说明在样本平均意义上家庭土地破碎化情况并不严重。从各地区样本分布情况来看，小麦生产分布于除华南与东北外的其他地区，玉米生产集中于华北与东北地区，华东地区水稻生产的样本农户最多。描述性分析与统计变量特征见表4－3。

表4－3　描述性分析与统计变量特征

项目	变量	单位	平均值	标准差	最小值	最大值
小麦 样本数：6064	产量（Q）	千克	1 546.83	1 369.22	15	14 000
	土地（A）	亩	4.43	3.81	0.1	67
	劳动（L）	标准工作日	48.00	46.92	2	800
	生化要素（F）	元	833.66	778.62	8	9 200
	非生化要素（K）	元	416.86	458.72	3	7 250
	户主年龄（Age）	年	52.06	11.28	16	84
	教育程度（Edu）	年	7.07	2.62	0	22
	土地质量（SI）		0.34	0.22	0	0.74
稻谷： 样本数：7174	产量（Q）	千克	2 416.53	2 777.40	2	55 200
	土地（A）	亩	5.60	6.58	0.2	120
	劳动（L）	标准工作日	79.61	124.00	2	6 080
	生化要素（F）	元	1 188.23	1 683.62	20	49 670
	非生化要素（K）	元	516.26	768.98	2	16 000
	户主年龄（Age）	年	52.61	10.85	16	85
	教育程度（Edu）	年	6.83	2.56	0	15
	土地质量（SI）		0.31	0.23	0	0.75
玉米 样本数：8426	产量（Q）	千克	3 915.76	5 908.73	2.4	105 500
	土地（A）	亩	7.79	11.55	0.1	308
	劳动（L）	标准工作日	66.45	120.72	1	5 090
	生化要素（F）	元	1 387.89	2 251.43	7	52 200
	非生化要素（K）	元	398.82	593.68	1	12 000
	户主年龄（Age）	年	51.78	10.84	16	84
	教育程度（Edu）	年	7.06	2.42	0	22
	土地质量（SI）		0.35	0.24	0	0.75

五、粮食生产投入产出与土地规模报酬

（一）假设检验

考虑到本研究采用大样本数据，异方差无法避免，本书在回归分析时采用广义最小二乘回归（Generalized Least Squares，GLS）的方法加以修正得出有效的标准差。本研究所采用的具体稳健回归技术主要是迭代再加权最小二乘法（Iterated weight least square method，IRLS）。IRLS 是修正异方差问题的常见估计方法之一，难点在于加权权数的选择上。本研究采用的是汉密尔顿（2008）中所使用的方法，第一步迭代从 OLS 估计开始，排除奇异值，通过 Huber 函数为每个样本计算出权数进行下一步加权最小二乘法估计（WLS），直到权数函数转变为 Tukey 双权时，采用伪值法对估计的标准误进行假设检验。此办法的优势在于，Huber 函数所计算出的权数能够使残差较大的样本取得较小的权数，有利于形成稳健的标准误，削弱奇异值对回归函数的影响（汉密尔顿，2008；Li，1985）。该方法的不足之处在于迭代过程排除奇异值影响的同时，不可避免会导致观测值的损失，理论上会造成有偏估计。本研究采用的截面数据均在 5 000 个样本以上，较大的自由度能够比较有效的克服迭代过程中的观测值损失这一难题，因此 GLS 回归的结果是值得信赖的。

对（式 4－3）和（式 4－5）采用加权迭代最小二乘法进行估计，估计结果如表 4－4 所示。由平均方差膨胀因子的情况可以看出，C-D 函数模型 *VIF* 值均小于 10，不存在多重共线性，而 Translog 函数模型体现出严重的多重共线性。结果表明，多重共线性不存在于各解释变量间本身，仅发生在 Translog 模型中的交叉项与二次项上，与此前的推断相符。

对 Translog 函数进行函数式选择的检验，F 检验原假设为采用 C-D 函数，即 H_0：$\alpha_{jk}=0$。检验结果表明，所有模型均在 1% 的显著性水平上拒绝原假设，即不应忽略要素间存在的交叉弹性影响，采用 Translog 函数更贴近生产函数的一般情况。对 Translog 函数进行规模报酬不变的检验，F 检验原假设为规模报酬不变，即 H_0：$\sum_{j=1}^{4}\alpha_{ij}=1$，$\sum_{j=1}^{4}\alpha_{ijk}=0$ 检验结果发现，所有模型在 1% 显著性水平上拒绝原假设，即要素的产出弹性之和在统计上不显著等于 1，模型存在着规模报酬变化情况。该检验进一步证明，本研究对于粮食生产中规模报酬情况的测算研究是有意义的。

表 4－4　小麦、玉米和稻谷生产函数的回归结果

项目	小麦		玉米		稻谷	
	4.5 式	4.3 式	4.5 式	4.3 式	4.5 式	4.3 式
Ln*L*	0.270 8***	−0.021 8***	−0.909 9***	0.012 9	0.105 2**	−0.022 7***
	(0.063 5)	(0.005 2)	(0.045 9)	(0.004 7)	(0.049 4)	(0.004)
Ln*A*	−1.253 8***	0.63***	1.421 3***	0.678 7***	0.563 7***	0.758 2***
	(0.098 4)	(0.009 4)	(0.058)	(0.007 1)	(0.083 5)	(0.006 8)

续表

项目	小麦		玉米		稻谷	
	4.5 式	4.3 式	4.5 式	4.3 式	4.5 式	4.3 式
LnF	0.904 5***	0.278 2***	0.127 3*	0.264 1***	0.248 8*	0.144 2***
	(0.076 2)	(0.008 6)	(0.051 7)	(0.006 4)	(0.059 6)	(0.005 8)
LnK	0.834 1***	0.126 3***	-0.344 3***	0.091 4***	-0.044 1***	0.067 5***
	(0.054 9)	(0.005 1)	(0.034 7)	(0.003 7)	(0.039 7)	(0.003 1)
(LnA) 2	-0.231 0***	—	0.049 9***	—	0.006 4	—
	(0.011 4)		(0.006 1)		(0.009 6)	
(LnL) 2	0.032 5***	—	-0.001 9**	—	0.002 4	—
	(0.004 5)		(0.003 8)		(0.002 9)	
(LnF) 2	-0.048 1***	—	-0.050 1***	—	0.015 4	—
	(0.006 9)		(0.005 6)		(0.005 5)	
(LnK) 2	0.057 7***	—	0.028 8***	—	0.014 8***	—
	(0.003 7)		(0.002 3)		(0.002 2)	
LnL * LnA	0.029 4	—	-0.203 2***	—	-0.024 4***	—
	(0.013 6)		(0.009 4)		(0.009 4)	
LnL * LnF	-0.081 7***	—	0.158 8***	—	-0.031***	—
	(0.012 2)		(0.008 8)		(0.007 8)	
LnL * LnK	-0.001 6***	—	0.034 5***	—	0.010 9***	—
	(0.007 9)		(0.005)		(0.005 1)	
LnA * LnF	0.279 2***	—	0.048 6*	—	0.054 1	—
	(0.015 3)		(0.009 7)		(0.012 3)	
LnA * LnK	0.086 2***	—	-0.084 5***	—	0.006 6***	—
	(0.012 1)		(0.007 1)		(0.008 1)	
LnF * LnK	-0.224 8***	—	0.020 4**	—	-0.014 7	—
	(0.009 5)		(0.006 7)		(0.006 7)	
Age	-0.000 8***	-0.001 2***	-0.000 3	-0.000 1	-0.000 8	-0.000 7
	(0.000 3)	(0.000 3)	(0.000 3)	(0.000 3)	(0.000 3)	(0.000 3)
Edu	-0.001 3	-0.002 5	0.004 2***	0.005***	-0.004 5***	-0.003 9**
	(0.001 4)	(0.001 4)	(0.001 2)	(0.001 3)	(0.001 1)	(0.001 1)
SI	-0.013 5	-0.014 3	0.040 6	-0.020 9	-0.063 1***	-0.049***
	(0.016 4)	(0.016 9)	(0.012)	(0.012 6)	(0.011 9)	(0.011 8)
华北（D1）	0.030 8***	-0.032 7***	0.264 3***	0.228 4***	0.001 4	-0.016 4
	(0.010 0)	(0.010 2)	(0.013 5)	(0.013 5)	(0.020 8)	(0.020 6)
华南（D2）	—	—	0.056 6	-0.000 6	-0.161 2	-0.154 7***
			(0.030 8)	(0.031 3)	(0.008 9)	(0.008 8)
东北（D3）	—	—	0.284 5***	0.250 8***	0.044 1***	0.048 2***
			(0.014 2)	(0.014 6)	(0.009)	(0.008 8)
中部（D4）	0.052 6***	0.058 7***	0.170 9***	0.149 2***	0.035 2***	0.045 3***
	(0.011 1)	(0.011 4)	(0.014 6)	(0.014 8)	(0.009 2)	(0.009 2)
西南（D5）	-0.220 7***	-0.195 4***	0.178 9***	0.144 0***	0.092 0***	0.103 5***
	(0.015 8)	(0.015 8)	(0.015 5)	(0.015 8)	(0.009 2)	(0.009 1)
西北（D6）	-0.134 6***	-0.121 5***	0.232 3***	0.204 8***	0.099 0***	0.136 9***
	(0.010 8)	(0.010 7)	(0.014 4)	(0.014 5)	(0.016 6)	(0.016 2)

续表

项目	小麦		玉米		稻谷	
	4.5 式	4.3 式	4.5 式	4.3 式	4.5 式	4.3 式
截距项	-1.830 2***	3.893 1***	6.690 7***	4.115 7***	5.486 0***	5.236 7***
	(0.292 9)	(0.052 6)	(0.180 3)	(0.041 5)	(0.244 6)	(0.042 7)
方差平均膨胀因子	302.2	2.1	308.01	3.08	325.6	2.04
H0：选择 C-D 函数	150.61***		75.59***		14.11***	
H0：规模报酬不变	90.2***		136.01***		47.21***	

注：***、**、* 分别表示 t 检验值在 1%、5%、10% 显著性水平检验

（二）劳动力质量与土地质量的影响

由 β_1、β_2 前相关系数可知，小麦、玉米与水稻生产中，家庭最高教育年限与户主年龄的产出弹性趋近于零，并不显著，两个变量对于劳动投入对产出的影响并没有起到修正作用。两个指标不显著可能由于观测值变异太小，影响难于被独立出来。三种作物的“户主年龄”变量均值为 51.78~52.61，标准差为 10.84~11.28，“教育年限”变量均值为 6.83~7.07，标准差为 2.42~2.62，均过于集中在均值附近，指标的变异程度较差。这也反映出我国当今粮食生产主体人群，存在着不容忽视的文化程度同质化与年龄结构老化现象。土地的破碎化指标对于产出的相关系数，在小麦与稻谷生产中均体现出负值，统计上显著但影响比较小。Translog 模型下，小麦和水稻辛普森指数的相关系数分别为 -0.01 和 -0.06，说明土地破碎化会制约妨碍粮食增产，但破碎化的消极影响在程度上并不明显。这一结果有悖于 Fleisher 和 Liu（1992）以及 Wan 和 Cheng（2000）的研究，却与许庆（2010）和 Wu（2005）的研究结论相似，即实证研究中土地破碎化对于我国粮食生产没有显著的影响。其原因可以从以下几个方面加以解释：首先，三种作物的辛普森指标均值仅为 0.31，土地破碎化程度较小，地块面积适应小型土壤耕作机械有效使用，并不会对生产效率造成损失。其次，土地破碎化对生产效率带来的损失，并不能直接通过产量变化体现出来。农户地块的破碎化，会有碍于机械对劳动力的替代节约，削弱劳动生产率的改进，并不一定直接造成总产量的显著下降，也很难通过总产量变化加以捕捉。针对我国 20 世纪 90 年代粮食生产的研究表明，土地破碎化会显著降低粮食生产的技术效率，但对总产量的消极影响是不明显的（Chen，2009；Wu，2005）。第三，农户地块越多往往意味着所拥有的土地面积越大，从而引发破碎化指数与土地投入的相关关系，使统计分析中破碎化影响难于被独立出来，也会造成回归结果不显著。

（三）要素产出弹性分析

劳动要素的产出弹性非常低，普遍接近于零，并出现了接近于零的负值（表 4-5）。其中，三种粮食作物的劳动产出弹性，在不同的计量方法中均不超过 0.02，结果显然有悖于采用宏观加总数据的研究结果和传统的经济理论，却相似于许庆等（2010）、Wan and

Cheng（2001）、Wu（2004）等学者采用微观住户数据所进行的研究。事实上很多学者均提到，在使用大样本住户数据计算产出弹性时候，劳动产出弹性均非常微小，甚至出现负值。对于这样现象的解释可被归结为以下几个方面：首先，劳动投入与土地投入以及机械投入存在着强烈的多重共线性，使得其影响很难被独立分离出来。劳动力数量或劳动工作日的投入伴随着土地面积的扩大而增多，以及伴随着机械投入增加而减小是该变量变异的主要原因。并且，当参数的估计值为正但很微小时，似然回归很有可能产生负值（Wan，Anderson，1990）。在本书中，玉米和水稻参数回归结果表现出劳动力相关变量的参数存在着统计不显著，部分支持了这一观点。其次，粮食生产中存在过剩的劳动力，特别是隐性失业导致劳动边际生产率接近于零，从而劳动的产出弹性非常低。很多采用我国20世纪90年代住户数据的研究者（许庆，等，2010；Wan，Cheng，2001；Fleisher，Liu，1992；Nguyen，1996）均持此观点。第三，在要素间替代弹性大于1的情况下，较高的劳动生产率会降低劳动的产出弹性。这一观点由Nguyen（1996）对CES函数加以推导而得出，并进一步推广到其他要素，即土地、化肥、机械和资本均会出现这种产出弹性随要素生产率反向变化的现象。但是，这一假说仅停留在理论层面，还缺乏有力的实证检验。

表4－5　小麦、玉米和稻谷要素产出弹性与规模弹性

项目	函数形式	劳动（L）	土地（A）	生化投入（F）	非生化投入（K）	资本投入（$F+K$）	规模弹性
小麦	Translog	0.011 （0.007）	0.549 （0.013）	0.294 （0.012）	0.177 （0.008）	0.471	1.031 （0.007）
	C-D	－0.022 （0.005）	0.63 （0.009）	0.278 （0.009）	0.126 （0.005）	0.404	1.03 （0.007）
玉米	Translog	0.007 （0.004）	0.666 （0.007）	0.251 （0.007）	0.105 （0.004）	0.351	1.028 （0.004）
	C-D	0.012 （0.005）	0.679 （0.007）	0.264 （0.006）	0.091 （0.004）	0.355	1.047 （0.004）
稻谷	Translog	－0.018 （0.004）	0.74 （0.007）	0.144 （0.006）	0.085 （0.004）	0.229	0.951 （0.003）
	C-D	－0.023 （0.004）	0.758 （0.007）	0.144 （0.006）	0.067 （0.003）	0.211	0.947 （0.003）

注：Translog下估计值标准差基于样本平均值计算

在粮食生产中，土地要素依旧是产出弹性最大的生产要素。Translog回归模型下，小麦、玉米与水稻的土地产出弹性分别达到了0.549、0.666和0.74。相比较许庆等（2010）、Nguyen（1996）与Wan and Cheng（2001）采用20世纪90年代微观数据的进行的研究结果，各品种土地要素产出弹性均出现了不同程度下降（表4－6）。这说明随着农田耕作管理技术的不断发展，虽然土地贡献依旧不可小觑，但其作用正逐步被其他生产要素投入所替代，整体上粮食生产对土地的依赖程度相对90年代减小了。从品种间比较来看，稻谷的弹性最大，小麦的弹性最小，这说明稻谷生产对土地依赖性最强，小麦依赖性最弱，这与Nguyen（1996）的研究结果是一致的。

表 4-6 各研究中的土地产出弹性结果比较

项目	许庆（2010）	Wan&Cheng（2001）	Nguyen（1996）	Wu（2005）	Fan（1991）	Lin（1992）	本研究	
模型	Translog	Translog	C-D	C-D	C-D	C-D	C-D	Translog
数据	微观	微观	微观	微观	宏观	宏观	微观	微观
时间	1993—1995	1993—1994	1993—1994	1996	1965—1975	1970—1987	2010	2010
小麦	—	0.993	0.531	—	—	—	0.63	0.549
春小麦	0.974	—	—	—	—	—	—	—
冬小麦	0.776	—	—	—	—	—	—	—
玉米	0.809	0.771	0.68	—	—	—	0.679	0.666
早稻	—	0.905	—	—	—	—	—	—
晚稻	—	0.805	—	—	—	—	—	—
早籼稻	0.919	—	—	—	—	—	—	—
中晚籼稻	0.943	—	—	—	—	—	—	—
粳稻	0.954	—	—	—	—	—	—	—
稻谷	—	—	0.786	—	—	—	0.758	0.74
粮食	0.896*	0.869*	0.666*	0.58~0.62	0.17~0.2	0.58~0.65	0.689*	0.652*

注：*为自行计算的各品种弹性的算数平均值

若将生化投入与非生化投入弹性之和视为资本要素产出弹性，则可以进一步发现资本对土地的替代作用。Translog 模型下，小麦、玉米和水稻的资本产出弹性分别达到了 0.471、0.351、和 0.229，而生化投入产出弹性分别达到了 0.294、0.251 和 0.144，分别占据了资本产出弹性的 62.4%，71.5% 和 62.8%，是资本产出弹性中主要来源。可以发现，小麦和玉米生产对化肥与农药投入体现出较强的依赖性，而稻谷生产中生化要素产出弹性仅达到玉米中水平的一半（表 4-7）。相比较前人的研究结果，当今粮食生产中种子、化肥与农药对于产出的贡献比较 20 世纪最后二十年均显著提高，其中玉米产出弹性增幅是最大的。因此，生化投入的增加及其对土地要素的替代，是近年来我国粮食产量增长的重要源泉，这与钱桂霞（2005）、胡瑞法（2006）等研究结论相类似。此外，在非生化投入变量中已经包含了机械费用以及固定资产折旧等代表机械影响的因素，但该变量的产出弹性比较小，在玉米与稻谷生产中为 0.1 左右，与 Lin（1992）的估计结果相类似。部分原因可被认为，耕作机械的作用与土地、化肥、良种等可变投入的追加存在相关性，使机械影响难于被独立捕捉到。另外，农业机械在生产中的贡献仅通过对产量影响加以描述是不充分的。农业机械的使用有助于克服劳动力的季节性短缺，对劳动力投入形成替代，如果解放出来的劳动力继续从事粮食生产，农业机械对粮食产量的提高才能被捕捉到。而如今农业生产中，被解放出来的劳动力离开了农业生产，在不考虑开荒的情况下，机械对于产出的贡献仅来自于拖拉机的使用让农户能够及时翻耕土地，平整土地以便于耕种，更及时地运输各种农业的可变投入，对提高了单位面积产量作用也许非常微小（艾丽思，1992）。因此，农业机械等非生化投入对于生产的贡献，在生产函数中难于通过产量变化被捕捉到，其在生产中的作用不能被全面的反映出来。

表 4-7　各研究中生化投入产出弹性比较

项目	Nguyen（1996）	Wu（2005）	Fan（1991）	Lin（1992）	本研究	
模型	C-D	C-D	C-D	C-D	C-D	Translog
数据	微观	微观	宏观	宏观	微观	微观
变量	化肥	化肥	化肥	化肥	化肥、农药、种子	
时间	1993—1994	1996	1965—1975	1970—1987	2010	2010
小麦	0.29	—	—	—	0.278	0.294
玉米	0.159	—	—	—	0.251	0.264
稻谷	0.053	—	—	—	0.144	0.144
粮食	0.167*	0.209~0.212	0.17~0.23	0.18	0.224*	0.234*

注：* 为自行计算的各品种弹性的算数平均值

（四）粮食生产规模报酬特征

两种生产函数所测算的规模弹性数值接近，在 Translog 模型下，小麦、玉米和稻谷生产的规模弹性分别为 1.031、1.028 和 0.951。经过了 Wald 检验，在样本条件下三种粮食作物的生产函数均拒绝了规模报酬不变的假说。结果表明，当农户的土地、化肥、劳动、非生化投入同时增加一倍时，小麦与玉米的产量会增加一倍，而稻谷产量的增加量则会略小于一倍。三种粮食的规模报酬弹性经过算术平均为 1.003，因此总体上可认为我国三种粮食生产中存在着规模报酬不变的情况，与前人基本相似。就具体品种而言，小麦与玉米规模报酬系数略高于 1 与 Wan 和 Cheng（2001）相一致，稻谷生产存在规模报酬递减的结论与许庆等（2011）相似，说明相比较 20 世纪 90 年代，虽然当今粮食生产中三种作物的规模报酬情况并不存在显著差异（表 4-8）。

表 4-8　各研究中的规模报酬弹性结果比较

项目	许庆（2010）	Wan&Cheng（2001）	Nguyen（1996）	Wu（2005）	本研究	
生产函数	Translog	Translog	C-D	C-D	C-D	Translog
数据	微观	微观	微观	微观	微观	微观
时间	1993—1995；1999—2000	1993—1994	1993—1994	1996	2010	2010
小麦	—	1.08	1.054 5	—	1.03	1.031
春小麦	1.114 6	—	—	—	—	—
冬小麦	1.112 5	—	—	—	—	—
玉米	0.982 4	1	1.089 9	—	1.047	1.028
早稻	—	0.98	—	—	—	—
晚稻	—	1	—	—	—	—
早籼稻	1.087 1	—	—	—	—	—
中晚籼稻	1.036 7	—	—	—	—	—
粳稻	0.942 4	—	—	—	—	—
稻谷	—	—	0.866 7	—	0.947	0.951
粮食	1.046*	1.015*	1.003*	0.958*	1.008*	1.003*

注：* 为本研究计算的各品种弹性的算数平均值

六、土地规模化对平均成本的影响

土地规模化与三种粮食生产的平均成本存在显著地负相关，这表明我国小麦、玉米与水稻生产中均存在规模经济现象（表4-9）。基于样本的平均水平，土地规模提高一倍，小麦、玉米与水稻的平均生产成本能够分别降低3.07%、6.07%和1.16%，对农户家庭而言玉米的规模经济水平是最高的。考虑到玉米的户均产量明显高于其他两种作物，可以认为农户种植玉米可以获得相对稻谷、小麦更高的经济效益。土地破碎化在稻谷生产中对平均成本存在显著的正影响，说明单位产品的生产成本会随着破碎化程度加深而提高。可能的原因是，比较小麦与玉米生产，水稻对于水资源更加依赖，土地破碎化造成田埂沟渠的增多，从而提高了农田基建与灌溉方面的成本。总之，在粮食产值不变的情况下，土地规模化可以显著降低农户的生产成本，以此实现种粮收益的增加。

表4-9　土地规模化对平均成本的影响

解释变量	小麦		玉米		稻谷	
	估计值	标准差	估计值	标准差	估计值	标准差
Ln（*A*）	-0.0307***	0.0056	-0.0607***	0.0054	-0.0116**	0.0060
SI	-0.0575***	0.0182	-0.0027	0.0186	0.1559***	0.0226
Edu	0.0081***	0.0015	0.0022	0.0018	0.0208***	0.0021
Age	0.0011***	0.0004	0.0013***	0.0004	0.0013**	0.0005
华北	0.0519***	0.0110	-0.1790***	0.0190	-0.0236	0.0366
华南	0.5602***	0.1468	0.3420***	0.0440	0.0094	0.0155
东北	1.3833***	0.2078	-0.9134***	0.0206	-0.0222	0.0153
中部	-0.0864***	0.0122	-0.2522***	0.0209	-0.1262***	0.0163
西南	-0.0367**	0.0162	0.0091	0.0222	-0.1950***	0.0158
西北	0.1033***	0.0111	0.0067	0.0202	-0.0323	0.0285
截距项	0.7998***	0.0284	-0.5300***	0.0355	-0.4270***	0.0384
VIF	1.3		2.31		1.23	
F统计量	40.89***		85.15***		39.75***	

注：***、**、*分别表示t检验值在1%、5%、10%显著性水平检验

七、土地规模化对土地产出率的影响

土地规模化对于土地产出率只在水稻生产中表现出显著的反向关系，而在小麦与玉米生产中反向关系并不存在（表4-10）。基于样本的平均水平，在其他条件不变的情况下，土地规模上升100%会引发小麦与玉米的单产分别提高1.8%和2.4%，水稻单产下降6%。这说明随着土地规模的变大，在土地使用强度、要素投放密度以及要素投放质量等方面，只有在水稻生产中可能出现了水平下降的情况。在玉米小麦生产中总体上没有发现显著的反向关系，此结果证明土地面积增大与土地产出率反向关系并不存在。水稻的结果进一步

验证了前文从总产量角度对规模报酬情况的判断，即水稻单产随土地规模上升而出现下降，证明了水稻生产存在着规模报酬递减的现象。我国水稻生产多集中于长江中下游流域以及东北水系发达的地区，对人工作业与灌溉要求较高，机械化作业程度相对较低。土地规模上升，会导致降低生产的精细化程度降低，从而引发单位面积产量的下降。而土地破碎化对单产的影响，在小麦与水稻生产中存在着显著负相关，但在数值上较小，说明土地破碎化对单产存在着不明显的消极影响，这与总生产函数的估计结果也是一致的。

表 4-10 土地规模化对土地产出率的影响

解释变量	小麦		玉米		稻谷	
	估计值	标准差	估计值	标准差	估计值	标准差
Ln（*A*）	0.018 7***	0.005 5	0.024 3***	0.004 2	-0.06***	0.003 6
SI	-0.058 7***	0.017 8	0.003 8	0.014 6	-0.033 7**	0.013 4
Edu	0.004 2***	0.001 5	0.010 6***	0.001 4	-0.000 2	0.001 2
Age	-0.001	0.000 4	0.000 4	0.000 3	-0.000 7**	0.000 3
华北（D1）	0.062 3***	0.010 8	0.249 7***	0.014 8	-0.084 9***	0.021 8
华南（D2）	0.022 6	0.143 7	0.004 3	0.034 4	-0.200 7***	0.009 2
东北（D3）	-1.526 7***	0.203 4	0.324 2***	0.016 1	-0.040 8***	0.009 1
中部（D4）	0.001 8*	0.012	0.113 4***	0.016 4	0.008 8**	0.009 7
西南（D5）	-0.435 9***	0.015 9	0.178 6***	0.017 4	0.031 9***	0.009 4
西北（D6）	-0.225 9***	0.010 9	0.285 2***	0.015 8	0.118 6***	0.016 9
截距项	5.970 1***	0.027 8	5.770 7***	0.027 8	6.305 1***	0.022 8
VIF	1.3		2.31		1.23	
F 统计量	181.67***		118.18***		125.78***	

注：***、**、* 分别表示 t 检验值在 1%、5%、10% 显著性水平检验

八、小　结

本章采用农业部 2010 年农村固定观察点微观数据，通过模拟我国小麦、玉米以及水稻生产函数，计算要素产出弹性与规模报酬系数，分析粮食生产的规模报酬情况。此外，运用多元线性回归的方法，考察了土地规模化对于三种粮食作物平均成本以及土地生产率的影响。研究结果可以被归纳为以下几个方面。

（1）我国小麦、玉米以及水稻生产的规模报酬系数分别为 1.031、1.028 和 0.951，小麦和玉米生产存在规模报酬递增，在规模扩大的条件下有利于种粮收益的提高；水稻生产存在规模报酬递减的情况，在规模扩大的情况下不利于收益提高；三种作物规模报酬的变化幅度从数值上反映并不大。结果可以证明，通过推动大规模的土地适度规模化经营，玉米与小麦生产可以保持产量的稳定增长；但水稻生产规模扩大却不利于产出的增加，值得警惕。

（2）在三种粮食生产中，土地投入是最重要的生产要素，其次为生化投入和非生化投入，劳动的产出弹性非常微弱。土地与生化投入对总产量的贡献占据了要素总贡献比重的

一半以上，三种粮食作物均体现出对这两种要素的强烈依赖。水稻生产对于土地要素的依赖最强，小麦生产对于资本投入的依赖最强。较20世纪90年代，当今我国粮食生产中土地的贡献比重整体下降，而化肥、农药与种子等生化投入的贡献显著提高，粮食生产中劳动投入被资本要素高度替代。从保证粮食增产与实现供给安全的角度考虑，国家一方面应加快中低产田的改造，通过垦荒复垦开发后备土地资源的增产潜力；另一方面，应继续大力加强生物化学等现代技术方面研发推广力度，依靠农业现代化发展整体增强单位面积粮食生产能力。

（3）随着土地面积的扩大，三种粮食作物的平均生产成本均存在着下降的趋势，处于规模经济的生产阶段。当土地规模上升100%时，小麦、玉米和水稻平均成本的分别会下降3.07%、6.07%和1.16%，其中玉米的规模上升对成本的节约程度最高。结果表明，在三种粮食生产中存扩大土地面积对于种粮农户降低成本提高收益是有利的，推动适度规模化经营有利于提高种粮收益，起到激励农户粮食生产积极性的作用。

（4）土地规模与土地生产率之间，仅在水稻生产中体现出反向关系，土地规模上升对小麦与玉米的单产会带来微弱上升。若农户家庭土地规模扩张一倍，小麦和玉米的单产水平将分别提高1.8%和2.4%，而水稻单产水平会下降6%。从整体上可以判断，土地规模较大的农户在提高小麦与玉米的单产方面具有微弱优势，而土地规模较小的农户在稳定水稻单产方面更有优势。该结论表明，在现有技术条件下政府应鼓励推动小麦与玉米的适度规模化经营，而维持较小规模的水稻生产对于稳定稻谷产量是相对有利的。

（5）土地破碎化水平无论从单产还是总产量水平，对三种粮食均无显著的影响，但会对水稻的平均生产成本的节约产生不利影响。总体上而言，土地破碎化对于当今我国小麦、玉米和水稻生产并不成为主要问题。

第五章　粮食价格与要素价格对农户种粮收益的影响

一、引　言

本章利用全国固定观察点微观数据，通过构筑生产函数模型，利用间接结构化估计方法，定量估计价格因素对农户种粮收益的影响。为此，本章将首先确定粮食价格和要素价格对粮食产量的影响，然后基于参数估计值测算研究生产要素的边际收益率情况。

厂商理论指出，企业的生产决策既来自于技术约束，也来自于市场上的价格约束。因为产品价格与要素价格的相互关系，决定了要素投放的技术结构和产品的供给量。另外，技术变迁也是通过市场价格对要素投入结构施加影响而间接实现的。技术进步首先是市场上新生产技术作为投入要素其相对价格出现了降低，从而被引入生产促进了产出的提高。因此，市场价格是影响农户经营决策与粮食产出水平的重要因素，并且要素价格与产品价格的相对关系（市场价格条件或贸易条件）决定了产出与农户的经济收益，分析市场价格对于粮农收益的影响具有重要意义。

我国粮食价格不仅仅是由市场供求情况所决定的，其又是政府农业经济政策的重要组成部分。出于对粮食安全的战略考虑，保障种粮农民经济收益，保证粮食作物的充分供给，我国政府运用价格政策对粮食生产进行干预。通过实施保护价格政策与最低收购价格政策，政府借助国有粮食企业的收购行为对粮价进行干预，以此来改善市场价格条件，保障种粮农民的经济收益，从而对粮食生产行为起到扶持鼓励的作用。国内粮食价格既体现了市场的供求状况，又包含了农业支持政策所施加的影响。因此，研究粮食供给反应情况可以藉此对背后的价格政策实施效果做出评价。

此外，本章还讨论了我国对种粮农户所实施的综合收入性补贴政策和专项生产补贴政策对粮食产出所带来的影响。综合收入补贴政策、专项生产补贴政策与最低收购价格政策共同组成了我国现行的粮食补贴体系。侯明利（2009）认为从实施对象划分，前两种补贴政策中的补贴款都是直接面向粮食生产者发放的，而最低收购价格政策则是面向流通领域对生产者进行间接的保护。其中，综合收入补贴政策具体包括了粮食生产直接补贴以及农资综合直接补贴，发放目的在于从产品价格与投入品价格两个方面对种粮者收入进行补贴；专业型生产补贴政策包括了良种补贴与农机具购置补贴，主要出发点在于引导农民采用新品种和新技术，鼓励提高生产的装备化水平与机械化程度，从而推动粮食产出水平与品质。本文所采用的微观数据中，有相关指标可以反映出种粮农户的粮食补贴收入情况，从而能够进行四种类型补贴与粮食产量关系的研究。结合供给反应研究中对价格与粮食产出关系的考察，我们可以较为全面的分析出我国粮食补贴体系对粮食产量的影响。

理论研究结果表明，农户种粮收益多少直接相关于生产中要素的边际报酬率大小，借助后者可以判断出种粮农户的经济收益状况。要素的边际报酬率是由外生的市场价格条件与生产技术特征共同决定的，而外生的价格条件又会对生产技术特征本身产生影响。本章将首先研究我国粮食生产的自价格弹性，以此来发掘价格条件对生产技术的影响。在此基础上，本章将进一步测算粮食生产中多种要素投入的边际报酬率，以此来了解外生价格条件对种粮收益的影响程度。本章研究内容包括以下方面。

（1）构造模型，利用2003年与2010年微观住户数据，估计并推导出我国小麦、玉米和稻谷供给的短期自价格弹性，以及短期供给的要素价格弹性，比较分析价格对粮食产出的影响与年度变化特点，测度要素价格与产品价格对农户粮食产量的影响。

（2）在模型中引入粮食补贴政策变量，讨论我国现行综合收入性补贴与专项生产性补贴对小麦、玉米和稻谷产量的影响。

（3）利用模型估计结果，结合统计年鉴的部分宏观数据，进一步测算我国粮食生产中要素投入的边际报酬率，讨论不同市场价格条件下，要素投入对种粮农户经济收益的影响。

二、模型设定

在假定市场上产品价格与要素价格数据，以及相关的技术状态可获知的情况下，产品供给函数与要素需求函数可以被直接加以计量运算得出。一般地，假定利润函数与生产技术具有一定的数学形式，利用霍特林引理（Hotelling lemma）可推导出产品供给与要素需求方程。这时，供给函数（需求函数）通常是产品水平（要素需求水平）关于要素投入价格、产品市场价格、以及其他政策变量与影响因素的函数。在相关变量的历史数据可得的前提下，对供给函数进行直接回归估计可得出价格水平与政策变量对供给的影响（即产品供给与要素需求的价格弹性）。当考察相关因素对于产品要素供给的动态影响时，很多学者利用时间序列数据，构建跨时期的供给反应函数加以研究，例如采用幼稚型价格预期模型 Naïve 模型，以及适应性价格预期模型 Nelovian 模型，并考察滞后期因变量与生产者对价格的价格预期行为是如何影响生产决策的。

本研究采用农村固定观察点所提供的微观住户截面数据，并不具备要素价格与产品价格等相关市场信息，使得我们研究难于采用上述方法直接讨论产品供给与要素需求的价格弹性。并且，由于缺少时序数据的支持，我们很难深入研究农户的价格预期行为以及滞后期因变量影响。限于数据条件，本研究将采用间接结构式计量方法（Structured Indirect Econometrics Modelling）来对农户粮食生产的供给反应模型进行估计，基于微观数据对要素产出弹性的估计结果，推断供给需求弹性，讨论市场价格对产品供给与要素需求带来的影响。

假定农户以利润最大化作为准则进行粮食生产，面临着完全竞争性的产品与要素市场，利用新古典经济学中利润函数、成本函数与生产函数存在的对偶性关系，我们可以在没有市场价格信息的情况下，通过生产函数中要素产出弹性的估计值，间接推导出市场价格等外生因素对产品供给与要素需求弹性。根据对偶性准则，C-D 形式的生产函数、成本函数与利润函数相互间存在等价变换的关系，这意味着对三者中任意函数的参数实现回归估计，其结果便可以被利用推导出供给反应的相关参数[①]。很多学者从理论层面对该方法进行了研究，其中，Sherphard（1953）与 McFadden（1978）利用成本、利润和生产函数间的对偶性推导出可用于回归估计的简化模型，Binswarger（1974）论证了要素需求函数可以从成本函数中加以推导出来，Antle（1983）论证了一致的要素需求和产品供给系统可以利用利润函数加以推导出来。在实证研究层面，Yu and Fan（2011）利用间接结构式计量方法，基于横截面调查数据研究了柬埔寨稻谷生产的供给反应，文中推导出稻谷自价格对于产量的长期与短期弹性，对于本文研究具有很大启发。本书假定生产函数具有 C-D 函数形式，利用霍尔特引理可以由利润函数推导出要素需求函数，将要素需求函数带入生产函数便可以获得产品供给函数。基于对偶关系，市场价格对产品供给的影响能够被生产函数的参数估计值加以线性表示[②]，从而发现相关产品价格与要素价格是如何影响供给的。同时，本书还将进一步计算要素投入的边际报酬，以此讨论市场价格条件对农民种粮收益带来的影响。

（一）供给反应函数模型

本部分将从 C-D 形式的生产函数出发，逐步推导出粮食产品的供给弹性。在生产问题研究时，学者往往假设生产函数具有采用 C-D 函数形式，这是因为该假设具有一系列优点。首先，此函数形式下生产要素的产出弹性计算比较容易，当线性化处理后，投入变量前相关系数的估计值便是该要素的产出弹性。其次，生产函数的规模报酬弹性可以通过要素弹性之和加以计算，从而直观反映出生产的规模报酬情况。但是，C-D 形式的生产函数假设也存在着明显不足之处，例如该函数假定要素间完全替代，与现实情况不符。因此在数据条件允许的情况下，很多研究倾向于选择假定替代弹性可变的生产函数形式，例如超越对数函数。但在本书中，我们依旧假定农户三种粮食生产函数具有 C-D 形式的，这种假设完全能够胜任研究需要。首先，本章供给反应研究的主要目的在于研究粮食产品与要素

---

① 对间接结构性的计量方法的相关评述见 Just（1993）

② Yu，Fan（2011）中以此方法，推导出粮食产出量的自价格弹性，本文在其基础上进一步推导出产量对与要素自价格弹性

价格对供给的影响，需要计算出要素的产出弹性，进而推导出价格弹性。在前一章节探求生产的规模报酬问题时，利用相同来源数据分别采用 C-D 函数与 Translog 函数式对产出弹性进行过估计，两者结果表明对应生产要素的产出弹性基本一致。这说明，即使投入要素间存在着不可忽视的替代关系，C-D 函数形式下产出弹性的估计值也是可信的。其次，采用 C-D 函数式，可以回避超越对数函数式中难于克服的多重共线性问题，从而增加估计结果的有效性。第三，比较简化的模型形式，减少了交叉项与二次项的影响，使我们能够在引入更多的要素变量的同时，降低自由度的损失。因此，采用 C-D 函数式的假定来估计粮食生产的产出弹性完全可以实现本研究的目标。

假设农户粮食生产函数具有 C-D 函数形式的技术特征，表达为：

$$Y = A\prod_{i} X_i^{\alpha_i} \prod_{j} Z_j^{\beta_j} \qquad \text{（式 5－1）}$$

（式 5－1）中，Y 为产出变量，代表农户小麦、玉米或水稻的总产量；X_i 为一系列生产要素投入变量，包括了劳动、土地等传统要素，化肥、农药以及种苗等生化要素，机械、水电、和灌溉等资本要素；Z_j 代表一系列外生的固定或半固定因素，包括了户主年龄和受教育程度等家庭基本特征，政府农业政策的影响，还有家庭非农收入所带来的影响；α_i 和 β_i 为待估计参数；A 为代表技术影响的常量。通过计算参数 α_i 之和可以判断出三种粮食作物生产的规模报酬情况。$\sum\alpha_i = 1$ $\sum\alpha_i < 1$ $\sum\alpha_i < 1$ 分别代表了生产函数具有不变，递减和递增的规模报酬。同时，C-D 生产函数式假定要素弹性在全样本中是一致的，不会随着要素数量的上升而发生变化，并且要素间存在着完全替代关系。

三种粮食作物的供给反应函数，可以借助于生产函数与利润函数所存在的对偶关系加以推导。假定在既定的生产技术条件下，农户按照利润最大化的行为准则进行小麦、玉米或水稻生产，利润最大化函数如下：

$$\text{Max}\pi = P \cdot Y - \sum_{i} w_i X_i,$$

$$s.t. \quad A\prod_{i} X_i^{\alpha_i} \prod_{j} Z_j^{\beta_j} \geqslant Y, X_i > 0 \qquad \text{（式 5－2）}$$

（式 5－2）中，π 为生产小麦、玉米或水稻的利润；P 为该产品的市场价格；w_i 为第 i 种要素的市场价格。由利润函数 π 针对要素价格 w_i 的一阶条件，可以获得要素 X_i 的需求函数如下：

$$\frac{\partial \pi}{\partial X_i} = P \cdot \alpha_i \cdot X_i^{\alpha_i - 1} \cdot A \cdot \prod_{k \neq i} X_k^{\alpha_k} \cdot \prod_{j} Z_j^{\beta_j} - w_i = 0 \qquad \text{（式 5－3）}$$

$$X_i = \frac{P}{w_i} \cdot \alpha_i \cdot A \cdot \prod_{i} X_i^{\alpha_i} \cdot \prod_{j} Z_j^{\beta_j} = \frac{P}{w_i} \cdot \alpha_i \cdot Y \qquad \text{（式 5－4）}$$

将要素 X_i 的需求函数（式 5－4）带入利润函数（式 5－2）中，可以获得产品 Y 的供给函数：

$$Y = A^{\frac{1}{1-\sum_i \alpha_i}} \cdot \prod_{i} \left(\frac{\alpha_i}{w_i}\right)^{\frac{\alpha_i}{1-\sum_i \alpha_i}} \cdot \prod_{j} Z_j^{\frac{\beta_j}{1-\sum_i \alpha_i}} \cdot P^{\frac{\sum_i \alpha_i}{1-\sum_i \alpha_i}} \qquad \text{（式 5－5）}$$

这样，对供给函数对数线性化处理，并针对产品的市场价格求导，可以获得粮食产品的短期价格弹性：

$$\varepsilon = \frac{\partial \log Y}{\partial \log P} = \frac{\sum_i \alpha_i}{1 - \sum_i \alpha_i} \quad \text{（式 5-6）}$$

若产品供给函数（式 5-5）中，两边取对数并针对要素价格 w_k 求导，可知产品供给对于要素 k 需求价格的弹性：

$$\varepsilon_k = \frac{\partial \log Y}{\partial \log w_k} = -\frac{\alpha_k}{1 - \sum_i \alpha_i} \quad \text{（式 5-7）}$$

（式 5-5）和（式 5-6）中，ε 与 ε_k 分别为产品供给的自价格弹性，以及针对要素 k 的价格弹性，α_k 代表生产函数中短期内可变生产要素 k 的产出弹性。通过对 ε 与 ε_k 大小方向的判断，可以了解在现有假设与约束条件下，产品市场与要素市场价格是如何对小麦、玉米和水稻的供给量产生影响的。从而，我们可以从生产者的角度考察现阶段我国主要粮食产品的供给情况。

采用结构式的间接计量方法，本研究可以在没有农户样本的产品与要素价格数据的情况下，推导出价格对于产品供给的弹性，但该方法在设计上也存在着一些弊端。Just（1993）指出，首先，该模型仅能推导短期的供给弹性，将固定要素作为可变要素带入短期供给函数，不能揭示出长期上价格与供给需求量之间的关系。其次，在假设方面对于农户行为的目标函数形式假定过于单一，仅限于利润最大化函数，而事实上种粮农户的生产行为还应包括着风险最小化方面的假定。第三，该模型没有考虑到滞后期因素、替代要素投入价格以及信息方面因素对于生产决策带来的影响。但是，该模型可以告诉我们在现有的生产技术约束下，产品供给所受到的自身价格与要素价格影响，从而解答了短期内市场价格是如何影响产品供给这一问题。

（二）要素投入的边际报酬（Marginal Returns of Inputs）

本书还将通过计算各可变生产要素的边际报酬情况，讨论要素投入对种粮收益带来的影响。要素投入 i 的边际报酬可以通过该要素的边际产品收益与边际成本的比值加以表示，即要素 i 的边际报酬等于 i 的边际收入除以 i 的边际成本。其代表的含义为，每额外投入价值一元的要素 i 所带来的额外产品价值量，边际报酬率减 1 即等于要素 i 的边际利润率（Marginal profit rate）。由弹性的定义可知，粮食生产中要素投入 i 的边际产品可被表示为：

$$MP_i = \frac{\partial Y}{\partial X_i} \cdot \bar{X}_i = \alpha_i \cdot \bar{Y} \quad \text{（式 5-8）}$$

其中，α_i 为该要素的生产弹性，$\bar{X}_i$ 和 $\bar{Y}$ 分别为该要素每亩投入量与每亩粮食产出量。这样，要素投入 i 每亩平均边际收入（Marginal Revenue）可以被表示为：

$$MR_i = P \cdot MP_i = P \cdot \alpha_i \cdot \bar{Y} \quad (式5-9)$$

其中，P 为产品价格。若要素 i 的边际成本（Marginal Cost）C_i 以该要素每亩平均成本加以表示。那么农户投入要素 i 的边际报酬 R_i 可以被表示为：

$$R_i = \frac{MR_i}{MC_i} = \frac{P \cdot \bar{Y} \cdot \alpha_i}{C_i} \quad (式5-10)$$

要素的边际报酬可以直观的反映出，要素投入的价值量与其产生的产品价值量之间的关系，有助于全面了解在既定产品价格与要素价格的条件下，投入要素对增加种粮收益的影响，判断何种要素最值得投资。

三、数据选择与变量设定

（一）数据来源

本书所采用的数据来自于农业部农村经济研究中心所提供的2003年与2010年度全国农村固定观察点微观截面统计数据。该数据开始于1986年，共涉及全国29个省份20 000余户农村家庭的生产经营、收入支出、购买消费以及财产存量数据资料。随着我国农村农业发生的新变化，调查指标设置方面也不断做出了调整，例如为适应补贴政策的调查，在2004年之后的统计中调查表中增加了关于农户家庭获得粮食补贴情况的统计指标。本书选取了农户家庭的部分农业生产信息进行研究，其中，粮食生产投入产出数据主要来自于数据库中2003年与2010年度农户家庭粮食生产经营情况项目，而家庭获得补贴情况则来自于对应年度的家庭收支情况项目。本书中两年间样本农户家庭并非一致，这使得我们难于捕捉到时序上的变化对同一个体带来的影响。但是，较大的截面样本数量提供了较为充分的自由度，方便我们针对各自年份的粮食生产情况分开进行计量研究，并在此基础上进行比较。

（二）变量设定与经验模型

表5-1描述了用于生产函数估计的变量指标，可以被划分为产出、投入、家庭特征、补贴情况以及区域虚拟变量等5个方面。其中，产出作为因变量，以当年度样本农户小麦、玉米或水稻的产量表示。要素投入作为自变量，以当年度农户分别在劳动、土地，种子与种苗、化肥、农药、机械使用以及其他方面所花费的实际费用分别加以表示。其他物质投入变量以农户在水电灌溉、畜力、农膜、小工具购买、固定资产折旧费用以及难于被分离出来的物质资本投入的花费总和加以表示。研究中还以生产性的固定资产原值作为自变量，用以考察家庭存量资产对粮食产出可能带来的影响。若按投入类型划分，劳动与土地可被视作传统生产要素投入，种子、化肥和农药代表了现代生物化学投入，机械使用费用代表了机械要素投入，生产性固定资产原值体现了家庭存量财产所带来的影响。若按生产投入属性划分，土地与生产性固定资产原值可以被视为短期不变生产投入，这是因为在

没有完善的要素市场与大量信贷支持的前提下，土地要素和固定生产资料在短期内很难通过市场进行配置调节，在短期内不发生变化。而劳动、化肥、种子、农药、机械使用以及其他方面的投入可以被假定为短期可变生产投入，投入量可以在短期内通过市场进行调整。讨论粮食供给的价格反应，将主要考察短期可变生产投入价格变化对生产者产品供给量带来的影响。表5-2和表5-3分别描述了区域虚拟变量的设定方式以及样本在不同地区的分布情况。根据虚拟变量的设定原则，七大耕作区域设置了6个虚拟变量，以 D_i 表示。从样本分布情况来看，小麦生产户广泛分布于除华南与东北外的区域，玉米生产户较为集中在东北与华北地区，而水稻种植户集中分布在华东、华南以及西南等地区。2010年与2003年相比，三种粮食种植户在各地区的构成比例基本相近。

表5-1　变量设定

项目	变量	描述
产出		
	粮食产量（Q）	农户当年小麦、玉米或稻谷生产数量，单位：千克。
不变投入		
	土地投入（Area）	当年农作物的收获面积，单位：亩
	固定生产资料（Fix）	采用年末家庭所拥有固定生产资料原值，包括农林牧渔工具、工业机械、运输机械以及生产库房的价值量之和，单位：元
可变投入		
	劳动（Labor）	农户当年小麦、玉米或稻谷生产中所花费的劳动数量，单位：标准劳动工作日
	种子（Seed）	农户在种子种苗投入方面的花费金额，单位：元
	化肥（Fert）	农户在绿肥和化肥投入方面所花费的金额，单位：元
	农药（Pest）	农户在农药投入方面所花费的金额，单位：元
	机械（Mach）	农户在生产各个环节所使用的农业机械的租赁费用，自有机械按市场租赁价格折算，单位：元
	其他（Other）	农户在水电灌溉、畜力、农膜、小工具购买、固定资产折旧费用以及难于被分离出来的物质资本投入的花费总和，单位：元
家庭特征		
	户主年龄（Age）	户主的实际年龄，单位：年
	户主教育（Edu）	户主所受教育的时间，单位：年
政策变量		
	补贴总额（Sbd）	当年农户家庭所接受的政府粮食直接补贴、良种补贴、农业生产资料购买综合补贴总额，单位：元
	粮食直接补贴（Sbd_1）	虚拟变量用以表示当年家庭是否接受了粮食直接补贴，已接受=1，未接受=0
	良种补贴（Sbd_2）	虚拟变量用以表示当年家庭是否接受了良种补贴，已接受=1，未接受=0
	农资购置综合补贴（Sbd_3）	虚拟变量用以表示当年家庭是否接受了农业生产资料购买综合补贴，已接受=1，未接受=0
	农机具补贴（Sbd_4）	虚拟变量用以表示当年家庭是否接受了大型农机具购置更新补贴，已接受=1，未接受=0

表 5－2　区域虚拟变量（D）的设定

区域	虚拟变量	省份
华东	—	上海、江苏、浙江、安徽、江西
华北	D1	北京、天津、河北、山西、内蒙古自治区（简称内蒙古）、山东
华南	D2	广东、广西壮族自治区（简称广西）、福建、海南
东北	D3	辽宁、吉林、黑龙江
中部	D4	河南、湖南、湖北
西南	D5	四川、贵州、云南、重庆
西北	D6	陕西、甘肃、宁夏回族自治区（简称宁夏）、青海、新疆维吾尔自治区（简称新疆）

表 5－3　各地区的样本分布情况

项目	样本数		各地区样本比例（%）						
	数量（户）	总比例（%）	华东	华北	华南	中部	东北	西南	西北
2010									
小麦	7 180	100	18.27	22.92	0.05	16.74	0.03	15.15	26.84
玉米	12 867	100	5.27	24.42	2.53	11.36	23.30	18.15	14.70
稻谷	9 275	100	25.01	1.83	18.39	11.45	13.67	25.90	3.75
2003									
小麦	3 544	100	24.38	35.84	0	27.12	1.24	11.43	0
玉米	7 379	100	9.33	20.70	3.60	12.48	21.78	15.71	16.4
稻谷	5 443	100	38.62	1.32	22.56	16.39	12.36	8.75	0

农户家庭特征变量包括了户主的年龄与受教育年限，用以进一步抽象出农户家庭间的特征差异。政策变量以样本农户家庭收到的政府各项种粮补贴总金额代表，用以考察政府的扶植政策如何影响粮食产出水平，该变量仅存在于2010年度的研究中。本研究还设置了补贴采用的虚拟变量，用以考察接受补贴对于生产的影响。尽管中央政府制定了补贴类型和数量原则，但不同地区的地方政府在农业补贴金额的具体落实方面不尽相同，家庭获得的补贴金额和政策虚变量两方面指标的设置能够更为显著的发现政府支持的影响。最后，本研究基于我国七大耕作区建立了区域虚拟变量，区分样本间的自然条件差异以及无法观测到的因素所可能带来的外生影响，变量的具体设定情况见表5－2。

结合变量的具体设定，并对（式5－1）采用对数线性化处理，从而获得用于参数估计的经验模型和检验补贴政策变量影响程度的模型。用于参数估计的经验模型如下：

$$\mathrm{Ln}Q = \alpha_0 + \alpha_1 \mathrm{Ln}Labor + \alpha_2 \mathrm{Ln}Area + \alpha_3 \mathrm{Ln}Fert + \alpha_4 \mathrm{Ln}Seed + \alpha_5 \mathrm{Ln}Mach + \alpha_6 \mathrm{Ln}Pest + \alpha_7 \mathrm{Ln}Other + \alpha_8 \mathrm{Ln}Fix + \beta_1 Age + \beta_2 Edu + \gamma_0 \mathrm{Ln}Support + \delta D + e \quad (式5-11)$$

检验补贴政策变量影响程度的经验模型如下：

$$\mathrm{Ln}Q = \alpha_0 + \alpha_1 \mathrm{Ln}Labor + \alpha_2 \mathrm{Ln}Area + \alpha_3 \mathrm{Ln}Fert + \alpha_4 \mathrm{Ln}Seed + \alpha_5 \mathrm{Ln}Mach + \alpha_6 \mathrm{Ln}Pest + \alpha_7 \mathrm{Ln}Other + \alpha_8 \mathrm{Ln}Fix + \beta_1 Age + \beta_2 Edu + \gamma_1 Sbd_1 + \gamma_2 Sbd_2 + \gamma_3 Sbd_3 + \gamma_4 Sbd_4 + \delta D + e \quad (式5-12)$$

四、变量统计性特征

表5－4和表5－5从产出、可变投入、不变投入、家庭特征以及政策变量等五个方面，描述了各变量在2010年与2003年样本中的统计性特征①。从最值与标准差来看，样本农户间差异较大，各变量指标离散分化程度较高。从产出变量来看，基于2010年度样本农户平均值，玉米生产者的家庭总产量最高，小麦生产者的家庭总产量最低；稻谷的单产水平最高，小麦单产水平最低。相比较2003年样本平均值，三种粮食作物的户均总产量与单产水平均呈现出显著提高。其中，小麦、玉米和水稻户均总产量由916千克、1 891千克和1 892千克分别提高到1 411千克、3 021千克和2 113千克，各自提高了54%、60%和11%。2010年比较2003年，三种粮食作物单位面积产量分别提高了21%、20%和15%。从土地投入方面来看，三种作物种植户的平均投入规模较小。2010年户均土地投入规模约为4～6亩，较2003年平均上升了约1亩，玉米生产户的平均土地投入水平最高。从劳动投入方面来看，三种作物生产中稻谷生产需要劳动最多，小麦需要劳动最少。而从亩均劳动投入量来看，稻谷生产最耗费劳力（14.67日/亩），小麦次之（11.07日/亩），玉米生产对劳力相对节约（9.7日/亩）。2010年相比较2003年，小麦与玉米生产所需劳动变动不大，而稻谷生产中劳动耗费量出现了显著下降，由户均86.3个降至73.5个标准劳动工作日，降幅约为11%。总体上看，2010年相比2003年，总产出、单产以及土地投入规模均出现了明显提高，而劳动投入量总体上变化不大。另外，家庭所拥有固定生产资料名义价值量在平均值层面呈现出提高的特征，同期农户在生产机械与运输机械自有率方面变化不大。

从种子、化肥、农药、机械使用以及其他投入等五种要素投入来看，小麦、玉米和稻谷生产中户均支出总额分别为1 256元、1 522元和1 648元，稻谷生产的支出水平最高。从要素投入的构成情况来看，化肥支出所占投入费用总比例在三种粮食生产中均为最高（表5－6）。2010年，化肥支出总额在小麦、玉米和稻谷总支出费用中分别达到了40%、50%和40%。而其他四方面要素投入水平在三种粮食生产中各不相同，其中稻谷生产在农药支出方面远高于其他作物生产，而玉米生产的购种支出花费为三者中最高。从年度间的变化角度来看，2010年较2003年，三种粮食生产中化肥、种子、农药、机械使用以及其他投入等物质与服务费用支出水平均呈现出大幅增长的态势（表5－7）。基于样本农户平均值，2010年5种投入的户均支出总和在小麦、玉米和稻谷生产中，以名义价格计算分别为1 256元、1 523元和1 649元，比较2003年名义上分别对应提高了751元、990元和865元。考虑到2010年相比2003年，农业生产资料价格平均上涨了58%，可以粗略推算出农户在五种要素上的真实投入的平均增长比例分别为小麦83%、玉米115%和稻谷

① 表5－4和表5－5中总体样本特征，用于回归的有效样本数低于总样本量

表 5-4 样本的统计性特征（2010 年）

变量	项目	小麦				玉米				稻谷			
		最小值	平均值	最大值	标准差	最小值	平均值	最大值	标准差	最小值	平均值	最大值	标准差
产出	产量（千克）	15	1 411.24	14 000	1 370.11	2.4	3 027.62	105 500	5 097.20	2	2 112.87	55 200	2 550.22
	单产（千克/亩）	7.5	333.96	905	127.10	0.65	454.53	1 119.62	166.83	1	469.48	1 200	146.97
不变投入	土地（亩）	0.1	4.15	67	3.77	0.1	6.17	308	9.96	0.1	5.01	606	10.66
	固定生产资料（元）	0	12 525.97	1 401 800	37 095.04	0	10 822.63	1 401 800	39 378.1	0	9 053.20	1 401 800	31 813.17
	生产机械自有率（%）		39.45				33.90				38.42		
	运输机械自有率（%）		27.12				23.76				19.40		
	生产用房自有率（%）		52.88				50.62				64.90		
可变投入	劳动（日）	1	45.96	800	45.93	1	59.97	5 090	104.01	1	73.52	6 080	113.14
	种子（元）	0	198.3	4 400	251.01	0	251.38	13 500	251.38	0	151.56	7 810	243.11
	化肥（元）	0	508.2	7 504	541.74	0	760.56	42 600	1 417.84	0	666.1	46 400	1 136.35
	农药（元）	0	55.82	10 150	184.24	0	76.79	12 000	218.64	0	207.27	10 800	397.04
	机械（元）	0	318.8	7 200	383.46	0	230.13	12 000	478.32	0	343.54	16 000	656.34
	其他（元）	0	174.72	3 800	302.63	0	203.73	12 010	463.94	0	280.45	13 960	544.59
	化肥采用比（%）		96.9				98.3				99.4		
	农药采用比（%）		81.0				66.1				96.1		
	种子购买比（%）		96.0				98.8				97.1		
	机械采用比（%）		84.4				58.1				66.9		
	人工灌溉比（%）		39.5				23.4				43.5		
家庭特征	户主年龄（年）	16	52.22	84	11.39	16	52	89	11.06	16	52.32	85	11.09
	教育年限（年）	0	6.68	22	2.93	0	6.74	22	2.73	0	6.55	18	2.81
	雇工采用比（%）		4.2				5.58				20.47		
	土地转入行为（%）		1.6				4.12				6.76		
政策变量	补贴总额（元）	0	556.02	30 280	952.51	0	792.99	93 934	1 702.34	0	554.58	36 250	1 217.23
	粮食直补采用比（%）		89.2				88.2				85.4		
	良种补贴采用比（%）		64.1				59.6				66.8		
	农资补贴采用比（%）		44.5				43.4				50.7		
	农机补贴采用比（%）		1.5				1.1				1.7		

注：2010 年小麦、玉米、稻谷的样本个数分别为 7 180、12 867、9 275

表 5－5　样本的统计性特征（2003 年）

变量	项目	小麦				玉米				水稻			
		最小值	平均值	最大值	标准差	最小值	平均值	最大值	标准差	最小值	平均值	最大值	标准差
产出	产量（千克）	8	916.10	8 233	829.91	2	1 891.91	54 500	3 032.74	25	1 892.17	31 500	2 198.32
	单产（千克）	13.3	275.96	888.89	115.89	1	377.36	1 166.67	170.62	17.5	408.01	1 000	128.04
不变投入	土地（亩）	0.1	3.36	60.3	2.94	0.1	4.51	100	6.43	0.1	4.83	120	5.43
	固定生产资料（元）	0	7 276.06	360 000	19 998.38	0	6 409.90	430 000	17 741.54	0	8 544.63	1 224 800	42 414.63
	生产机械自有率（%）		40.55				27.62					34.76	
	运输机械自有率（%）		19.16				22.32					16.17	
	生产用房自有率（%）		42.72				56.69					56.92	
可变投入	劳动（日）	1	46.03	884	43.57	1	56.25	540	55.07	1	86.36	750	73.33
	种子（元）	0	68.65	1 530	96.68	0	68.68	1 530	96.84	0	66.55	1 400	72.14
	化肥（元）	0	220.80	2 725	207.56	0	270.14	5 055	407	0	338.07	4 810	359.08
	农药（元）	0	18.77	280	23.64	0	21.92	2 450	55.78	0	96.38	1 509	124.03
	机械（元）	0	101.84	3 075	134.83	0	57.37	2 000	143.04	0	88.09	3 890	186.30
	其他（元）	0	96.65	5 264	185.37	0	116.03	5 545	256.88	0	194.13	4 390	304.04
	化肥采用比（%）		98.8				97.1				98.6		
	农药采用比（%）		72.0				51.4				96.3		
	种子购买比（%）												
	机械采用比（%）		72.6				42.6				47.2		
	人工灌溉比（%）		43.1				26.8				56.3		
家庭特征	户主年龄（年）	16	50	86	10.87	21	52.46	89	11.05	16	49.92	81	11.05
	教育年限（年）	0	6.67	22	2.63	0	6.73	22	2.77	0	6.35	18	2.82
	雇工采用比（%）		1.5				3.4				12.2		
	土地转入行为（%）												

注：2003 年小麦、玉米、水稻对应的样本个数分别为 3 544、7 379、5 443

53%，可见农户在粮食生产中更重视要素积累与投入[①]。5种要素投入中，机械投入的增幅在三种粮食中均为最大，分别为155%、243%、232%，反映出粮食生产中机械化对劳动的替代程度显著加深。从品种间看，玉米生产的要素投入增加幅度在三种作物中是最高的，其化肥、农药和机械要素积累水平全面呈现大幅增加的态势，可以认为更高的要素投入水平是玉米增产幅度为三者最高的重要原因。

表5-6　三种作物中生产要素支出费用构成比　（单位：%）

项目	2010年			2003年		
	小麦	玉米	稻谷	小麦	玉米	稻谷
种子	15.8	16.5	9.2	13.2	12.5	8.5
化肥	40.5	50.0	40.4	43.7	50.8	43.2
农药	4.4	5.0	12.6	3.7	4.1	12.3
机械	25.4	15.1	20.8	20.2	10.8	11.2
其他	13.9	13.4	17.0	19.1	21.8	24.8
总和	100	100	100	100	100	100

表5-7　2010年比2003年三种作物中五种生产要素真实增加幅度　（单位：%）

项目	小麦	玉米	稻谷
种子	139.5	219	69.7
化肥	72.2	123.5	39.0
农药	139.4	192.3	57.1
机械	155.0	243.1	232.0
其他	22.8	17.6	-13.5
总和	90.8	128.1	52.5

注：农业生产资料平均价格上涨比例为58%，根据《2013年中国统计年鉴》中历年农业生产资料价格总指数测算得出。以化肥为例，化肥投入真实增幅=（2010年化肥投入-2003年化肥投入）/2003年化肥投入×100%-58%

从生产技术采用率的角度进行分析，购种与化肥施用普及程度较高，97%以上的种粮户均有购买种子与施用化肥行为，两年间差异不大。在农药施用方面，稻谷种植户采用比例最高，2010年为96.1%，同期小麦与玉米生产中仅为81%和66.1%。机械化生产方面，2010年84.4%种植户在小麦生产过程中使用了机械，而玉米与稻谷生产中仅为58.1%和66.9%。人工灌溉技术方面，稻谷种植户的使用比例最高，这是由于水稻生产与水资源密切相关，灌溉投入具有刚性。最后，2010年相比较2003年，三种作物生产中施用农药与使用机械的农户比例均明显提高，而由于已达到较高水平，两年间化肥技术的农户采用比例变化不大。

农户的家庭特征状况显示，农业生产的主体为50岁左右的中年人，以小规模家庭经营形式进行粮食生产。样本中户主年龄平均为52岁左右，受教育年限略高于6年，两年间均值大体相当。2010年三种粮食生产中具有雇工行为农户所占比例分别达到4.2%、5.58%和20.47%，相比2003年的1.5%、3.4%和12.2%增幅明显。整体上，水稻种植

① 农业生产资料平均价格上涨比例，根据《中国统计年鉴2013》中历年农业生产资料价格总指数测算得出

户中存在较高比例的雇工现象，而小麦与玉米生产中主要依靠家庭劳动力进行生产。从土地转入情况来看，2010 年仅有 1.6% 的小麦种植户、4.12% 玉米种植户和 6.67% 稻谷种植户具有耕地转入行为，多数农户经营范围仅限自家承包耕地。结合雇工、土地流转以及户均土地投入指标，可以判断样本种粮户以家庭经营为主，依靠家庭劳动力，经营自家承包地进行生产，并且户均耕地面积较小。

从表 5 - 4 可见，政策变量项目描述了农户家庭的生产性补贴收入情况，其中补贴总额仅计算农户家庭粮食直补、良种补贴与农资购买补贴之和，不包括大型农机购置补贴收入。从户均补贴收入总额的角度分析，2010 年玉米种植户补贴收入最高，达到 792.99 元，而小麦和稻谷种植户补贴收入比较接近，分别为 556.02 和 554.58 元。三种粮食作物平均每亩补贴收入分别达到 134 元、153.4 元和 110.7 元。基于样本均值，小麦、玉米和稻谷种植户补贴收入总额占当年物质与服务支出费用总额比例分别为 44.3%、52.1% 和 33.6%，由此可见支持补贴政策对农户的粮食生产成本进行了补偿。各项补贴政策的普及率显示，粮食生产的直接补贴政策得到了相对全面的落实，农机补贴的覆盖程度较低。小麦、玉米和稻谷生产中获得粮食生产直接补贴收入的农户比例均在 85% 以上，获得良种补贴的农户占农户总量的 60% 左右，而农资综合补贴的覆盖率仅为 40% ~50%，三种支持补贴的获得率呈现出阶梯递减的特征。获得大型农机购置补贴的农户比例最小，在小麦、玉米和稻谷生产中仅为 1.5%、1.1% 和 1.7%，其主要原因在于大型农用机械非家家必须购买，多数家庭没有购置行为而无法享受此类补贴。大型农机具采购需要一定的经济实力与经营规模，小规模农户没有需求并且无力负担，他们完全可以通过租赁达到使用目的，因此农机补贴采用率较低是必然现象。大型农机购置补贴属于对固定生产资料的一次性购置的补偿，数额因与农机采购价值量相挂钩而非常巨大，而显著改变变量的统计特征。此外，该补贴在样本中所占比例较小，样本自由度不够充分使其影响难于被有效估计，因此本研究中补贴总金额变量不包括大型农机购置补贴收入。

五、估计结果

利用 2010 年样本对（式 5 - 11）和（式 5 - 12）进行估计，并利用 2003 年样本对（式 5 - 11）进行估计，各参数回归结果如表 5 - 8 所示。考虑到采用大样本微观住户数据不可避免存在的异方差情况，本书运用迭代加权最小二乘法对模型进行稳健回归来加以修正，从而获得具有无偏、有效的参数估计值。此外，考虑到变量可能存在的无法预见的多重共线性关系会造成估计值的无效率，本书通过计算各变量间方差膨胀因子的办法对多重共线性进行检验。同时，本书还计算了生产函数的规模报酬弹性，该弹性由劳动、土地、种子、化肥、农药、机械以及其他要素投入产出弹性之和加以计算，并采用 Wald 检验对规模弹性系数是否不变（等于 1）假设进行了检验，以此判断样本农户生产中的规模报酬现象。由 F 统计量可知，总体上各模型回归结果显著。各变量中最高方差膨胀因子均小于

10，因此可以断定各模型变量间的不存在显著影响估计结果的多重共线性关系。规模弹性系数显示，2003年小麦、玉米和稻谷生产中规模报酬弹性为0.99、1.09和0.99，除玉米生产中存在规模报酬递增外，小麦和稻谷生产规模报酬不变；2010年规模报酬弹性为1.00、1.07、和0.97，小麦规模报酬不变，玉米规模报酬递增，稻谷规模报酬递减，该结果与上一章关于规模的研究结果大体一致①。

（一）投入产出弹性分析

三种粮食生产中，土地投入的产出弹性最大，化肥次之，劳动的产出弹性最小。第2组结果表明，粮食产量针对收获面积的相关系数在小麦、玉米和稻谷生产中分别为0.67、0.70和0.66，这说明在其他条件不变的情况下，若土地投入提高100%，三种粮食产出量将分别提高67%、70%和66%。然而，2010年相比2003年，土地产出弹性在玉米与稻谷生产中均出现了下降，玉米约下降0.06，稻谷约下降0.07，这说明近年来农户在生产中加大了其他要素投入对土地要素在产出中的作用形成了有效替代，产出对土地投入的依赖有所减弱。第2组结果表明，2010年化肥是仅次于土地对于总产出贡献最大的要素，三种作物中总产出对于化肥投入费用的相关系数分别为0.14、0.12和0.10。相比2003年结果，2010年化肥的产出弹性除在小麦生产中出现上升外，在玉米和稻谷生产中均出现了下降，说明化肥投入出现了过度利用的情况。发生下降的还有农药投入的产出弹性，但由于农药的产出弹性较小，下降的绝对值并不大。现代育种技术的研发与推广，使得种子对于产出的贡献在两年间增幅最大，产出弹性在小麦、玉米和稻谷中，分别由2003年的-0.01、0.06和0.03提高到2010年的0.06、0.10和0.08。此外，机械投入的产出弹性在两年间也发生了显著变化，除小麦生产中由0.13下降到0.09以外，玉米和稻谷生产中均体现为上升，分别由0.02、0.05提高到了0.10和0.08。三种粮食生产中，其他投入的产出弹性分别为0.04、0.01和0.07，人工灌溉费用支出推高了其他投入在稻谷产出中的贡献。家庭拥有的固定生产资料原值对于粮食产出的贡献整体上并不显著，可以认为固定生产资料价值高低对于产出水平变化没有直接影响。

劳动投入在三种粮食生产中的作用较小，在小麦与稻谷生产中部分产出弹性均为负值，与上一章生产函数的估计结果相似②。多数学者认为劳动投入在粮食生产中产出弹性非常小甚至为负值的现象，来自于农业生产中存在劳动力投入过剩，导致劳动产出弹性接近0。当劳动与土地投入存在可能的多重共线性关系，导致程度较小的劳动弹性很难被从

① 规模弹性与上一章结论的区别，在于上一章研究中小麦规模报酬弹性为1.03，在统计上显著大于1。而造成区别的原因在于，模型设定上与样本数量上的差异。本章研究目的在于测算各种投入的产出弹性以推导出供给反应，因此模型仅覆盖了各项投入上均有支出的农户，造成有效样本数量显著减少。在规模问题研究中，为研究整体的规模报酬情况，变量设置进行合并简化，覆盖了更多的样本，因此就规模报酬问题而言，上一章结论相对更具有一般性

② 第四章曾做过详细讨论，不少学者也曾做出过解释（见 Wan，Anderson，1990；许庆，等，2010；Wan，Cheng，2001；Fleisher，Liu，1992；Nguyen，1996）

土地中分离出来，便会引发似然回归产生负值。此外，劳动力投入与机械投入存在显著的替代关系，引发多重共线性是劳动力产出弹性的估计值经济意义不合理的重要原因。较小正值或负值的劳动产出弹性显示，现阶段粮食生产中劳动投入对产出没有显著积极影响，劳动可能存在着过度投入的问题。家庭特征中户主年龄与受教育年限变量，可以从劳动力质量的角度对劳动投入变量进行补充。结果表明，户主年龄增加会导致户均粮食产量下降，这与经验判断相一致，但影响程度非常微小，而粮食生产中户主受教育年限对产出的影响并不显著。

通过两年间产出弹性估计结果的比较分析，可以发现三种粮食生产中要素对于总产出的贡献具有以下特点：首先，单产对于产出的贡献在不断提高，但土地投入依旧为产出增长的最主要贡献力量，传统投入中劳动的产出贡献已经非常低。其次，从品种间看，玉米与稻谷单产的贡献在提高，土地的贡献在下降；而单产提高中，种子与机械使用的贡献在提高，化肥与农药投入的贡献在下降。政府应注重引导小麦与稻谷种植户，帮助他们在生产中加大种子与机械投入以进一步提高产出水平。第三，小麦总产出中单产的贡献在降低，土地贡献在升高；单产中机械的贡献作用在降低，化肥、种子和其他项投入的贡献在升高。单产贡献下降说明在现有生产技术条件已经比较成熟，小麦生产中可变生产要素存在着过度投入现象，提高技术研发是进一步促进小麦增产的出路。最后，家庭拥有的固定生产资料价值、户主年龄与受教育年限对于粮食产出的影响并不显著。

（二）粮食补贴对产出的作用

组别 2 中模型估计了粮食支持补贴总额对于产出的影响，而组别 3 中模型估计了各类别补贴政策对产出的影响（表 5 -8）。结果显示，补贴金额对粮食产出的作用在小麦和稻谷生产中具有负向影响，而玉米生产中补贴影响不显著。基于 2010 年样本，农户家庭获得的粮食支持补贴总额对小麦与稻谷的产出弹性分别为 -0.01 和 -0.04，说明在其他条件不变的情况下，若补贴金额上升 100%，则导致户均小麦与稻谷产量水平下降 1% 和 4%。因此，粮食补贴的发放对于提高农户家庭收入，降低生产成本具有积极意义，但对于促进产出水平缺少显著的帮助，甚至小麦与稻谷生产中会引起产出水平的轻微下降。

从补贴采用对产出贡献的角度分析，采用良种补贴对于粮食产出具有显著正向促进作用，采用农资综合直接补贴具有负向削弱作用，而采用粮食直补对于产出的作用因品种而异。首先，作为专项生产补贴政策，良种补贴对于促进小麦、玉米和稻谷生产具有积极作用。采用良种补贴与三种粮食产出的相关系数分别为 0.05、0.07 和 0.11，说明在其他情况不变的条件下，相比未获得良种补贴支持的农户，获得该政策支持的生产者三种粮食作物产出量分别提高了 5%、7% 和 11%，采用良种补贴政策对稻谷增产程度影响最大。其次，农资综合直补与三种粮食产出的相关系数分别为 -0.06、-0.04 和 -0.05，说明获得支持的农户平均产量水平低于未获支持的农户，降低幅度分别为 6%、4% 和 5%，品种间消极影响程度接近。第三，粮食直补支持对小麦的产出水平没有显著影响，对于玉米生产

表 5－8　三种粮食生产函数估计与政策影响

组别	小麦			玉米			稻谷		
	2003 年	2010 年		2003 年	2010 年		2003 年	2010 年	
	(1)	(2)	(3)	(1)	(2)	(3)	(1)	(2)	(3)
劳动（Ln*Labor*）	0.077 8	−0.028 6	−0.033 8	0.014 1^{A}	0.036 9	0.031 3	−0.046 1	−0.033 6	−0.037 7
	(0.010 6)	(0.006 4)	(0.006 0)	(0.012 1)	(0.007 1)	(0.007)	(0.010 2)	(0.006 4)	(0.006 3)
土地（Ln*Area*）	0.644 3	0.671 3	0.694 5	0.766 5	0.694 5	0.700 7	0.723 1	0.655 6	0.632 5
	(0.020 3)	(0.012 6)	(0.011 9)	(0.020 9)	(0.010 9)	(0.010 7)	(0.015 0)	(0.009 9)	(0.009 7)
种子（Ln*Seed*）	−0.008 7^{A}	0.060 3	0.050 8	0.056 4	0.100 1	0.108 1	0.030 5	0.076 0	0.075 2
	(0.013 9)	(0.008 0)	(0.007 7)	(0.014 4)	(0.008 8)	(0.008 8)	(0.008 6)	(0.005 9)	(0.005 7)
化肥（Ln*Fert*）	0.104 4	0.143 6	0.150 5	0.156 4	0.116 0	0.112 0	0.146 0	0.095 9	0.093 0
	(0.016 0)	(0.010 5)	(0.009 9)	(0.014 1)	(0.008 7)	(0.008 7)	(0.012 3)	(0.007 0)	(0.006 9)
农药（Ln*Pest*）	0.034 5	0.025 9	0.025 1	0.029 6	0.012 1^{B}	0.016 1	0.031 2	0.019 8	0.020 4
	(0.009 4)	(0.006 2)	(0.005 9)	(0.009 6)	(0.006 3)	(0.006 4)	(0.008 5)	(0.005 1)	(0.005 0)
机械（Ln*Mach*）	0.132 2	0.087 0	0.067 8	0.015 2^{B}	0.099 7	0.090 5	0.045 4	0.079 7	0.077 7
	(0.010 8)	(0.007 8)	(0.007 5)	(0.008 4)	(0.005 6)	(0.005 5)	(0.006 5)	(0.005 1)	(0.005 0)
其他（Ln*Other*）	0.005 4^{A}	0.043 4	0.040 5	0.047 0	0.014 4	0.008 5^{B}	0.063 9	0.072 6	0.079 2
	(0.007 1)	(0.004 0)	(0.003 8)	(0.007 1)	(0.004 4)	(0.004 3)	(0.005 7)	(0.003 7)	(0.003 6)
固定资产（Ln*Fix*）	−0.006 6^{A}	0.000 9^{A}	0.000 3^{A}	−0.008 2^{B}	−0.007 8^{C}	−0.007 4^{C}	0.003 6^{A}	−0.002 3^{A}	−0.002 5^{A}
	(0.004 3)	(0.002 8)	(0.002 6)	(0.005 0)	(0.003 0)	(0.002 9)	(0.003 1)	(0.002 7)	(0.002 6)
户主年龄（*Age*）	−0.000 1^{A}	−0.000 8^{C}	−0.001	−0.000 2^{A}	−0.001 4	−0.001 2	−0.000 8^{A}	−0.000 5^{A}	−0.000 3^{A}
	(0.000 6)	(0.000 4)	(0.000 3)	(0.000 6)	(0.000 4)	(0.000 3)	(0.000 5)	(0.000 3)	(0.000 3)
教育年限（*Edu*）	0.004 5^{B}	−0.002 6^{C}	−0.002 4^{B}	0.005 3^{C}	−0.003 8^{C}	−0.004 4^{C}	0.002 8^{A}	−0.004 7	−0.002 7
	(0.002 4)	(0.001 4)	(0.001 3)	(0.002 6)	(0.001 6)	(0.001 6)	(0.001 8)	(0.001 4)	(0.001 3)
补贴总额（Ln*Support*）		−0.011 3^{C}			0.000 2^{A}			−0.036 4	
		(0.005 8)			(0.006 1)			(0.005 1)	
粮食直补（*Sbd*1）			−0.003 5^{A}			−0.100 7			0.029 6
			(0.015 5)			(0.018 4)			(0.011 3)
良种补贴（*Sbd*2）			0.047 3			0.069 8			0.112 2
			(0.008 5)			(0.009 6)			(0.009 5)

续表

组别	小麦			玉米			稻谷		
	2003 年	2010 年		2003 年	2010 年		2003 年	2010 年	
	(1)	(2)	(3)	(1)	(2)	(3)	(1)	(2)	(3)
农资补贴（*Sbd3*）			-0.063 6			-0.035 8			-0.046 6
			(0.008 0)			(0.008 4)			(0.008 4)
华北	0.246 2	0.040 1	0.023 8	0.304 9	0.211 7	0.222 5			
	(0.018 1)	(0.012 1)	(0.011 6)	(0.030 1)	(0.014 8)	(0.016 2)			
华南							-0.031 0^{A}	-0.129 0	-0.118 7
							(0.018 0)	(0.013 0)	(0.012 9)
中部	0.104 9	0.084 1	0.059 4	0.033 0^{A}	0.185 9	0.180 4	0.101 8	0.012 2^{A}	0.000 3^{A}
	(0.020 2)	(0.013 6)	(0.013)	(0.037 2)	(0.020 7)	(0.021 6)	(0.015 0)	(0.010 8)	(0.010 7)
东北				0.267 3	0.168 8	0.174 9	0.054 4	0.062 2	0.031 9
				(0.036 5)	(0.016)	(0.017 0)	(0.014 0)	(0.011 5)	(0.011 0)
西南		-0.312 6	-0.357	0.196 6	0.023 3^{A}	0.041 0^{A}	0.083 4^{B}	0.056 5	0.067 8
		(0.020 3)	(0.019 7)	(0.044 7)	(0.022 5)	(0.023 6)	(0.035 4)	(0.011 2)	(0.011 0)
西北		-0.199 6	-0.222 5	0.461 9	0.312 5	0.354 2			
		(0.014 3)	(0.014 2)	(0.036 2)	(0.017 9)	(0.019 2)			
截距项	4.525 3	4.612 4	4.701 3	4.666 3	4.623 2	4.727 9	4.974 5	5.161 3	4.882 9
	(0.089 2)	(0.067 3)	(0.060 7)	(0.094 7)	(0.065 8)	(0.061 1)	(0.077 3)	(0.060 4)	(0.057 1)
样本数	1 217	3 360	3 452	1 350	3 379	3 418	1 817	4 683	4 793
F 统计量	1 000.07	2 355.40	2 336.54	1 977.83	5 415.74	4 804.73	2 644.19	4 246.87	3 947.45
最高方差膨胀因子	4.84	5.19	4.56	7.17	7.97	8.30	8.97	7.01	6.52
规模报酬弹性	0.989 9	1.002 8		1.085 2	1.073 7		0.993 9	0.966 0	
	(0.010 5)	(0.006 7)		(0.011 0)	(0.006 1)		(0.006 2)	(0.005 2)	
H0：规模报酬不变	0.92^{A}	0.19^{A}		59.64	147.26		0.96^{A}	42.54	

注：括号内为参数的标准误，上标 A 表示在10% 的水平下不显著的参数估计值；B 表示在5% 水平下不显著，但在10% 的水平下显著的参数估计值；C 表示在1% 水平下不显著，但在5% 的水平下显著的参数估计值

具有消极影响，对于稻谷生产具有积极影响。粮食直补变量与玉米和稻谷产出量的相关系数分别为 -0.10 和0.03，说明采用户相比未采用户在小麦平均产出水平降低了10%，在稻谷生产中平均产出水平增加了3%。

研究表明，从补贴金额的角度分析，粮食补贴政策总体上对于粮食产量水平提高没有积极促进影响。从采用补贴政策的角度讲，良种补贴有利于粮食增产，农资综合补贴不利于粮食增产，而粮食直接补贴则对稻谷增产有微弱促进，对玉米增产显著不利。粮食补贴对产量总体上缺乏显著促进作用的结论与很多实证研究结果相一致，如刘俊杰（2008）采用省级宏观面板数据研究表明，粮食直补无论是按销售数量发放还是按面积发放，对于小麦、玉米和早籼稻产量均无显著影响。刘连翠和陆文聪（2011）采用实地调研数据研究发现，粮食直补对于粮食增产无显著影响，专项生产补贴对于产量具有微弱的积极效应，但程度上远低于产品价格与生产成本所施加的影响。肖琴（2011）采用微观调研数据，实证分析结果表明粮食直补与专项生产补贴对于产量提升无显著作用，补贴对于农户家庭的影响集中体现在收入提高与福利水平改善。

六、要素价格与产品价格对粮食产量影响研究

本书假定土地与家庭固定生产性资产为短期不变生产要素，而劳动、种子、化肥、农药、机械以及其他投入等项为短期可变生产要素。在没有较大规模资金支持的情况下，农户家庭很难在短期内实现土地规模的变更与固定生产资料的购置，因此，本研究在讨论供给的要素价格弹性时，仅计算种子、化肥、农药、机械与其他流量资本短期供给需求弹性系数，考察可变投入对供给的影响。其中，样本的统计特征表明，家庭劳动力依旧是农户家庭的生产主体，其真实的要素价格难于度量，也不应等同于劳动力市场价格。因此，本研究中所推导的劳动力价格的供给弹性应被理解为劳动力机会成本的弹性。理论上，粮价上升会促进粮食生产，提高产量，而要素价格上升会减少要素投入，从而降低粮食产量水平。结合（式5-6）和（式5-7）以及生产函数实证模型，本研究中粮食产品供给的自价格弹性 ε，供给的要素价格弹性 ε_k 的计算式如下所示：

$$\varepsilon = \frac{\alpha_1 + \alpha_3 + \alpha_4 + \alpha_5 + \alpha_6 + \alpha_7}{1 - (\alpha_1 + \alpha_3 + \alpha_4 + \alpha_5 + \alpha_6 + \alpha_7)} \qquad \text{（式5-13）}$$

$$\varepsilon_k = -\frac{\alpha_k}{1 - (\alpha_1 + \alpha_3 + \alpha_4 + \alpha_5 + \alpha_6 + \alpha_7)},\ k = 1,\ 3,\ 4,\ 5,\ 6,\ 7 \qquad \text{（式5-14）}$$

其中，α_1，α_3，α_4，α_5，α_6，α_7 分别为劳动、化肥、种子、机械、农药和其他投入的产出弹性。

从整体上看，我国粮食的生产供给水平受自身价格影响程度较大，三种粮食中玉米供给对粮价反应最敏感（表5-9）。粮食的自价格弹性均为正向，与预期方向一致，即粮价上升有利于提高供给水平。2010 年，小麦、玉米和稻谷的自价格供给弹性分别为 0.49、

0.61和0.45，在其他条件不变的情况下，粮价提高100%能够促进农户的产出水平提高49%、61%和45%，其中粮价上升对玉米供给量的促进作用最明显。年度间比较发现，2010年相比2003年小麦供给量受价格影响的程度出现了小幅下降，而玉米与稻谷供给受价格的影响程度均出现了大幅提高。其中，小麦供给弹性由0.53降至0.49，降幅约为6%；玉米供给弹性由0.47提高的0.61，增幅达32%；稻谷供给弹性由0.37上升至0.45，增幅达21%。结果表明，整体上粮食价格上涨对粮食产量的推动作用在上升，粮食供给对于市场价格信号比较敏感。

表5-9　粮食供给弹性

项目	供给的自价格弹性	供给的要素价格弹性					
		劳动	种子	化肥	农药	机械	其他
2010							
小麦	0.494 6	0.042 7	-0.090 1	-0.214 0	-0.038 8	-0.129 8	-0.064 7
	(0.027 9)	(0.009 3)	(0.012 6)	(0.017 4)	(0.009 4)	(0.012 6)	(0.006 1)
玉米	0.611 2	-0.059 5	-0.161 3	-0.186 9	-0.019 6[B]	-0.160 7	-0.023 2
	(0.029 7)	(0.011 8)	(0.015 3)	(0.015 4)	(0.010 3)	(0.009 9)	(0.007 2)
稻谷	0.450 0	0.048 7	-0.110 2	-0.139 1	-0.028 7	-0.115 5	-0.105 2
	(0.023 6)	(0.008 9)	(0.009 2)	(0.011 3)	(0.007 5)	(0.009 8)	(0.005 7)
2003							
小麦	0.528 2	-0.119 0	0.013 3[A]	-0.159 5	-0.052 8	-0.202 0	-0.008 2[A]
	(0.047 4)	(0.018 3)	(0.021 0)	(0.026 6)	(0.014 4)	(0.018 0)	(0.010 8)
玉米	0.467 7	-0.020 7[A]	-0.082 8	-0.229 6	-0.043 4	-0.022 2[B]	-0.069 0
	(0.046 0)	(0.018 1)	(0.022 6)	(0.023 9)	(0.014 4)	(0.012 4)	(0.010 7)
稻谷	0.371 4	0.063 2	-0.041 8	-0.200 2	-0.042 8	-0.062 2	-0.087 6
	(0.032 0)	(0.013 4)	(0.012 2)	(0.019 0)	(0.011 8)	(0.009 4)	(0.008 6)

注：括号内为估计值的标准误，A、B分别代表参数估计值在10%与5%的水平下不显著

供给的要素价格弹性中，除了部分估计值外，其他要素价格弹性估计值均为负向，表示粮食供应量随要素投入的价格上升会出现下降，与预期方向一致。由于推导自生产函数，供给的要素价格弹性与要素的产出弹性高度相关，即产出弹性越大的要素，其价格对于供给的影响越大。粮食供给的劳动力机会成本弹性在小麦与稻谷生产中表现为正值，说明农户家庭劳动力的机会成本越大粮食供给水平越高，这与理论预期不符。产生这一结果的直接原因在于，劳动投入的产出弹性估计值为负值，劳动投入量在当今稻谷与小麦生产中的作用难于被分离出来。玉米生产中，供给的劳动机会成本弹性为负值，与理论预期一致，但相比其他要素价格影响程度较小，整体上劳动力机会成本对粮食产量影响十分有限。

粮食供给对于要素价格变动普遍缺乏弹性，相对而言化肥价格变动对粮食供给的影响较大。2003年小麦、玉米和稻谷供给的化肥价格弹性分别为，-0.16、-0.23和-0.20，说明在其他条件不变的情况下，化肥价格升高一倍会导致三种粮食供给量分别下降16%、23%和20%。相比化肥，粮食供给对于种子、农药、机械以及其他要素投入价格的弹性总

体上不够显著，绝对值均小于0.1，可见粮食供给对于大部分农业生产资料投入价格缺乏弹性。2010年相比2003年，供给的要素价格弹性影响发生了变化。主要在于化肥价格对于玉米和稻谷供给的影响在下降，而种子机械和其他物质投入价格影响作用在上升。2010年小麦生产中，化肥价格的弹性为-0.21，机械价格弹性为-0.13，而其他要素价格影响较小。玉米生产中，种子、化肥、和机械使用价格对供给量的影响程度相互间比较接近，绝对值均超过了0.15，分别为-0.16、-0.19和-0.16，其中化肥影响依旧最高，但较2003年影响程度已发生了下降。水稻生产中，种子、化肥、机械和其他投入价格对供给量的影响程度差别不大，绝对值均保持在0.1以上。除化肥价格的弹性绝对值下降外，种子、机械和其他投入价格弹性均显著上升。粮食供给的要素价格弹性的计算结果表明，随着良种、机械等现代技术在产出中的贡献作用不断升高，其要素价格对粮食供给的影响在逐步加大，而化肥价格的影响程度出现了下降。

粮食供给的自价格弹性与要素价格弹性结果表明，粮食供给受自身价格影响较强，受单一要素价格影响较弱。2010年相比2003年，稻谷和玉米生产对于粮食价格变动更为敏感，而粮食价格对于小麦生产的影响略微下降，种子价格对于三种粮食供给影响在逐步加大，机械使用价格对稻谷和玉米产量的影响在增大，对小麦产量的影响出现下降。由于采用的方法和数据不尽相同，不同供给反应研究的结果相互间难于比较。总体上看，前人研究多采用宏观时序数据，相比而言，本研究中粮食的供给自价格弹性均出现了提高（表5-10）。

表5-10　粮食产出量的短期自价格弹性结果的比较

项目	数据年份	因变量	小麦	玉米	稻谷	粮食（谷物）
Zhuang，Abbott（2007）	1978—2001	产量	0.32	0.28	0.17	
Rozelle，Huang（2000）	1975—1995	产量	0.05	0.29		
Chatka，Seale（2001）	1970—1997	播种面积				0.397
Yu，et al.（2011）	1998—2007	播种面积	-0.01	0.74		
蒋乃华（1999）	1978—1996	产量				0.184
孙娅范，余海鹏（1999）	1981—1996	产量				0.13~0.18
刘俊杰，周应恒（2011）	1998—2008	播种面积、产量			0.17~0.19	
范垄基等（2012）	2002—2010	播种面积	-0.02	0.16	0.23	
本研究	2003	产量	0.53	0.47	0.37	
	2010	产量	0.49	0.61	0.45	

资料来源：作者自行整理

七、要素的边际报酬率研究

基于2003年与2010年样本，根据（式5-9）和（式5-10）可测算出三种粮食生产中要素投入的边际产量与边际报酬，结果如表5-11所示。以化肥为例说明，小麦生产中化肥的边际亩产量表示了在其他条件不变的情况下，化肥投入提高一倍所能带来的额外每亩产出增加量，而化肥的边际报酬则表示额外投入1元人民币在化肥投入上，能够通过出卖额外产品收入多少元。若边际报酬大于1，可说明该投入能够带来高于其成本的经济收入，生产者将盈利；若边际报酬小于1则说明该投入所带来的收入小于其成本，生产者将亏损；若边际报酬小于0，则意味着生产者应当停止生产。通过对边际报酬的测算，可以对不同要素投入的相对经济收益进行比较，从而发现哪些生产要素投入对于农户增收更有帮助，进而有利于他们优化生产决策[①]。

表5－11　边际产量与边际收益率

要素价格 产品价格	边际产量（千克/亩）		边际收益率					
			方案1		方案2		方案3	
调查年	2003年	2010年	2003年	2010年	2003年	2010年	2003年	2010年
小麦								
化肥	28.80	47.82	0.57 (0.09)	0.90 (0.07)	1.09 (0.17)	0.98 (0.07)	0.77 (0.12)	0.82 (0.06)
种子	－2.39	20.14	－0.16 (0.26)	1.05 (0.14)	－0.32 (0.51)	1.15 (0.15)	－0.22 (0.36)	0.95 (0.13)
农药	9.53	8.65	2.28 (0.62)	1.85 (0.44)	4.37 (1.19)	2.02 (0.48)	3.06 (0.83)	1.68 (0.40)
机械	36.48	29.05	1.63 (0.13)	0.91 (0.08)	3.12 (0.26)	0.99 (0.09)	2.19 (0.18)	0.82 (0.07)
其他	1.48	14.46	0.12 (0.15)	1.57 (0.15)	0.23 (0.30)	1.71 (0.16)	0.16 (0.21)	1.42 (0.13)
平均	73.9	120.12	1.33	1.08	2.54	1.17	1.78	0.97
玉米								
化肥	59.04	52.72	1.29 (0.12)	0.98 (0.07)	2.71 (0.24)	1.16 (0.09)	1.76 (0.16)	0.95 (0.07)
种子	21.28	45.50	1.56 (0.40)	2.48 (0.22)	3.30 (0.84)	2.95 (0.26)	2.14 (0.54)	2.42 (0.21)
农药	11.16	5.59	2.41 (0.78)	1.05 (0.54)	5.07 (1.64)	1.25 (0.64)	3.29 (1.07)	1.03 (0.53)
机械	5.72	45.32	0.54 (0.30)	2.70 (0.15)	1.15 (0.63)	3.20 (0.18)	0.75 (0.41)	2.64 (0.15)
其他	17.73	6.55	1.36 (0.21)	0.58 (0.17)	2.87 (0.44)	0.68 (0.21)	1.87 (0.28)	0.56 (0.17)
平均	114.93	155.68	1.42	1.90	3.00	2.26	1.95	1.86
稻谷								
化肥	59.55	45.02	1.14 (0.10)	0.98 (0.07)	2.61 (0.22)	1.14 (0.08)	1.40 (0.12)	0.97 (0.07)
种子	12.44	35.68	1.35 (0.38)	3.31 (0.25)	3.11 (0.88)	3.88 (0.30)	1.66 (0.47)	3.28 (0.25)

① 为方便年度间的比较，文中计算了要素的平均边际报酬，该值为五种要素的加权平均值，权数为该要素的边际产量，这样处理使要素的平均边际报酬相比算数平均值兼顾了每种生产要素对于产出的贡献

续表

要素价格 产品价格	边际产量（千克/亩）		边际收益率					
			方案 1		方案 2		方案 3	
调查年	2003 年	2010 年	2003 年	2010 年	2003 年	2010 年	2003 年	2010 年
农药	12.74	9.30	1.14 (0.31)	0.97 (0.25)	2.62 (0.71)	1.13 (0.29)	1.40 (0.38)	0.96 (0.25)
机械	18.51	37.42	1.17 (0.17)	1.88 (0.12)	2.69 (0.39)	2.20 (0.14)	1.44 (0.21)	1.86 (0.12)
其他	26.06	34.08	1.51 (0.14)	2.49 (0.13)	3.47 (0.31)	2.91 (0.15)	1.86 (0.17)	2.46 (0.13)
平均	129.3	161.5	1.23	2.02	2.84	2.36	1.52	2.00

注：括号内为基于样本平均水平计算的标准差

本书在三个价格方案框架下，对粮食生产的要素边际报酬进行了比较研究。边际报酬的大小受制于产品出售价格以及要素购买价格，我们设定了三种方案来考察不同的价格组合对要素投入的边际报酬的影响。方案 1 所估计的边际报酬，以样本调查年份（2003 年和 2010 年）的粮食出售价格与要素购买价格为准，反映了当年粮食生产的边际报酬情况。方案 2 中，生产要素采购价格依旧为调查年份价格，而产品出售价格采用 2012 年度价格，进一步考察产品价格变动对要素边际报酬带来的影响。方案 2 中的价格组合均采用 2012 年的产品价格与要素价格数据，以考察产品与要素市场价格同时变动对于 2003 年度与 2010 年度粮食生产者的边际报酬所带来的影响。由于原始数据中缺少价格方面的资料，因此本研究所采用的价格数据来自于历年《全国农产品成本收益资料汇编》。价格数据显示（表 10），2012 年全国小麦平均出售价格相比 2010 年同比提高 9%，比 2003 年提高 92%；玉米平均出售价格比 2010 年同比提高 19%，比 2003 年提高 111%；稻谷平均出售价格比 2010 年同比提高 17%，比 2003 年提高 130%。另一方面，2012 年三种粮食的物质与服务费用相比 2010 年同比提高了 18%、20% 和 22%，相比 2003 年同比提高 87%、43% 和 54%[①]。2003 年至 2012 年粮食产品的出售价格与物质与服务费用均呈现出上涨的态势，产品价格涨幅大于物质与服务费用的涨幅。若以价格—物质服务费用比来表示粮食产品的边际报酬率，并以此反映市场价格情况，可以发现 2010 年粮食的产品市场价格情况最好，2012 年次之，2003 年最差（表 5－12）。

表 5－12　三种粮食作物产品的边际报酬率（Rate of Marginal returns of product）

（单位：元/千克）

项目	2003 年	2010 年	2012 年
物质与服务费用			
小麦	0.73	0.86	1.04
玉米	0.45	0.58	0.70
稻谷	0.51	0.80	0.95

① 产品价格与生产成本年度间增幅根据历年《全国农产品成本收益资料汇编》中，小麦、玉米和稻谷 50 千克产品平均出售价格以及 50 千克产品平均生产成本加以测算

续表

项目	2003 年	2010 年	2012 年
出售价格			
小麦	1.13	1.98	2.17
玉米	1.05	1.87	2.22
稻谷	1.20	2.36	2.76
产品的边际报酬率（价格—物服费用之比）			
小麦	1.56	2.30	2.09
玉米	2.31	3.25	3.17
稻谷	2.37	2.95	2.91

注：根据历年《全国农产品成本收益资料汇编 2007》和《全国农产品成本收益资料汇编 2013》数据自行整理

2010 年度小麦生产中要素边际报酬率整体上略高于 1，加权平均值为 1.08，可以粗略推断每亩产品利润率为 8%。其中，农药投入的边际报酬率最高为 1.85，说明额外投入 1 元在农药采购上最终能通过出售小麦产品获得 1.85 元。但由于生产技术决定农药投入的亩均边际产量较小，较高的边际报酬对于总产出与总收益的提高帮助不大。化肥、种子与机械投入等边际产量权重较高的要素，边际报酬率仅在 0.90～1.05，额外投入这些要素可以收支平衡，但难于进一步增收。在方案 2 的背景下，若小麦出售价格提高到 2012 年水平，要素成本状况不变，要素的边际报酬率将提高到 1.17，生产小麦的将变得更加有利可图。在方案 3 中，若假设要素购买价格上升推动生产成本达到 2012 年水平，要素平均报酬率将下降为 0.97，小麦生产将会出现亏损。要素价格的上升会降低边际报酬率，因此在政府在关注小麦销售价格的同时，应重视生产要素价格的调控以维持农户收益。

2003 年与 2010 年比较，虽然小麦种植户均投入产出规模较低，但整体上要素投入边际报酬率略高。其中，机械投入的边际产量与边际报酬方面均相对较高，具有较强的投资价值。尽管化肥投入的边际产量最高，但其边际报酬率仅为 0.57，从经济角度看化肥投入存在使用过度的现象，依赖化肥进一步投入会使生产者蒙受经济损失。在方案 3 的背景下，小麦的平均边际报酬率能够保持在 1.53，对农户生产形成激励。2003 年与 2010 年比较结果表明，农户在生产中投入水平的扩张，要素边际产出水平得到了提高，但小麦生产的要素边际报酬率下降了。

2010 年度玉米物质要素投入的平均边际报酬率达到 1.90，明显高于小麦。其中，种子与机械投入的边际报酬率最高（分别达到了 2.7 与 2.8），具有较高的投资价值。而化肥与农药所带来的收入与投入成本基本持平，继续追加投入对于增收意义不大。方案 1 下，2003 年要素投入无论在每亩边际总产量还是平均边际报酬率方面，均低于 2010 年水平。方案 2 显示，产品价格的上升能够进一步推高各要素的边际报酬率，但 2010 年相比 2003 年更高的物服费用成本，使得在方案 2 的条件下 2010 年玉米生产的平均边际报酬率低于 2003 年水平。2012 年相比 2010 年，玉米生产面临的价格条件出现了恶化，相比 2003 年出现了显著改善，因此在方案 3 条件下，2003 年农户的边际报酬率均高于 2010 年水平。在方案 1 下，无论是 2003 年或是 2010 年，种子投入的边际报酬率均保持了较高水平，而生产技术的变迁改变了要素的贡献结构，使得玉米生产中机械技术的投资价值显著提高。

2010 年稻谷生产的要素平均边际报酬率为同期三种粮食最高，达到 2.02。该结果表明，在其他条件不变的情况下，即使要素价格平均提高 1 倍，稻谷生产者依旧能够维持收支平衡。从要素层面分析，种子、机械和其他要素投入的边际报酬率均显著高于 1，进一步投资能够为生产着带来较高利润。其中，种子的报酬最高，多投入 1 元在良种上可额外带来 3.31 元，约为要素平均边际报酬率的 1.5 倍。另外，其他要素投入项也具有较高的边际报酬，暗示了加大灌溉方面投入，改善基础设施条件对稻谷生产者的增收具有显著促进作用。稻谷生产中每一元化肥要素投入的边际报酬仅为 0.98 元，回报不能弥补成本，表明现有技术与市场条件下化肥投入已出现过度，进一步的投入不能引发生产者实现盈利，这与玉米生产中化肥的表现相似。相比较而言，2003 年稻谷生产在边际产量与要素平均边际报酬率方面均低于 2010 年水平。各要素边际报酬率比较接近，在 1.14 ~ 1.51 元。若将 2003 与 2010 年生产者同置于方案 3 下，2010 年农户较 2003 年农户具有更高的要素边际收益水平，这有别于小麦和玉米的情形。2010 年与 2003 年比较可发现，种子、机械和其他投入项在稻谷生产中经济回报出现提高，化肥和农药的边际报酬率出现了下降。

2010 年相比 2003 年，三种作物的要素边际产量均明显增长，玉米和稻谷的物质要素平均边际报酬率显著上升。要素边际产量的整体提高，一方面原因在于要素投入量的整体上升（表 5 - 7），另一方面在于农业技术水平的不断提高，使得某些要素的产出贡献大幅扩张，例如：机械化程度的深化以及新型优质良种的研发与推广，显著增强了机械与种子推动粮食增产的作用。但在平均投入水平升高的背景下，化肥的边际产出量在玉米和稻谷生产中，农药的边际产量在三种作物中均出现了下降，反映出现阶段化肥和农药存在着过度投入的现象。在要素的边际报酬率方面，以当年的价格条件计算，粮食生产中要素投入的平均边际报酬维持在 1 ~ 2 元。2010 年相比 2003 年，玉米和稻谷的要素平均边际报酬率出现提高，小麦出现下降。2010 年，三种作物中，稻谷生产的要素平均报酬率最高（2.02），玉米次之（1.90），小麦最低（1.08），在要素投入水平同样的情况下，稻谷生产能够带来最多的收益。相同价值的种子，投入稻谷生产中带来的收益高于投入小麦和玉米生产中，而机械投入在玉米生产中的投资价值高于在小麦和稻谷生产中。其他投入项目在稻谷生产中的投资价值最高，这与稻谷生产对灌溉的较大依赖有关。化肥与农药在三种作物生产中的投资价值相对较低，但粮食产出是要素共同作用的结果，要素投入存在着一定的不可分割性，不应低估两者在粮食生产中的重要作用。三种粮食作物产品的边际报酬率见表 5 - 12。

八、小　结

本章利用 2003 年与 2010 年全国农村固定观察点微观住户截面数据，通过构建 C-D 生产函数并进一步推导，分析了价格对我国粮食生产收益的影响。研究内容主要包括了：第一，对两年度三种粮食生产中各投入要素进行了较为详细的区分，测算了劳动、土地、化肥、种子、农药、机械和其他投入的产出弹性，并对粮食补贴政策影响进行了探讨。第二，基于生产函数估计结果，对粮食供给的自价格弹性与要素价格弹性进行了测算，并在品种间与年度间进行了比较分析，讨论了要素与产品市场价格对粮食产出的影响。第三，对种粮农户要素投入的边际报酬率进行了测算，比较分析了粮食生产中产品与要素价格变动对农户种粮利润率的影响。本章研究结果如下。

（1）生产函数的估计结果表明，土地投入依旧是对产出贡献最高的因素，近年来单产对产出贡献的作用显著加大。劳动力对于产出没有明显的正向贡献，机械对劳动的替代作用造成的多重共线性可能是劳动产出弹性与理论不符的原因。农药对产出具有正向影响，但对于产出的贡献整体上小于其他物质要素投入。技术进步对玉米和稻谷产出的贡献越发明显，良种与机械化逐步替代了化肥在单产中的贡献作用。小麦中种子的产出弹性显著上升，而机械投入的作用出现了下降，原因还需要进一步探索。

（2）补贴对种粮收益影响研究表明，补贴金额对于农户种粮生产成本形成了有效补偿，有利于种粮收益的提高，但对于农户粮食产量提高没有显著促进作用。不同类型的补贴，对于对产出的影响不尽相同。计量结果表明，采用良种补贴有利于粮食增产，而农资综合补贴不利于粮食增产；采用粮食直接补贴则对稻谷增产有微弱促进作用，却不利于玉米增产。

（3）产品与要素价格的粮食供给弹性表明，粮价上涨对于农户的粮食增产的激励作用较高，生产要素价格上涨对于粮食增产的抑制作用较低。2010 年，三种粮食自价格弹性区间为 0.49 ~ 0.61，投入要素自价格弹性绝对值不高于 0.21。通过 2003 与 2010 年间的比较，可以发现粮食价格对稻谷和玉米增产的激励作用出现了上升，对小麦增产的作用在下降。化肥价格对稻谷和玉米产量的影响程度在减弱，对小麦产量的影响程度在加强；机械使用价格对稻谷和玉米产量影响程度在上升，对小麦产量的影响程度在下降；种子价格对三种粮食产量的影响程度出现了提高，农药对粮食产量的影响程度整体影响较弱；其他投入的价格对稻谷生产的影响较为明显，其原因来自于稻谷生产对水资源与排灌溉投入依赖较强，增加了相关价格的影响程度。

（4）对物质要素边际报酬率的研究表明，市场价格条件与要素对产出的贡献，共同决定了该要素的经济回报能力与投资价值。2010 年，在稻谷和玉米生产中，种子与机械投入的边际报酬率较高，具有较高的投资价值。而化肥和农药的边际产量与要素报酬率较低，进一步投入化肥与农药会对农户的玉米和稻谷生产效益带来亏损。在小麦生产中，对产出贡献较高的物质要素投入的边际报酬率均不高，保持在 1 左右，相比其他作物缺乏投资价值。2003 年，三种粮食中每一元物质要素投入的平均边际报酬为 1.23 ~ 1.42 元。2010 年，小麦、玉米和稻谷生产中每一元要素的平均边际报酬分别为 1.08、1.90 和 2.02，在要素投入价值相同的情况下，稻谷和玉米生产的获利空间较大。

第六章　土地规模与土地产出效益关系研究

一、引　言

小农户与大农户谁的农业经营效率更高，是农业研究领域与适度规模研究中长期以来存在的热点问题。这一问题的研究意义在于，若小农户比大农户能够更有效利用资源，那么长期来看，促进小农户而非大农户的农业发展战略才有利于实现经济增长与收入分配目标，那么，推动农业实现规模经营以实现农业现代化的政策路径需重新思考。对于中国这样一个典型的东亚国家，人多地少是农业面临的基本特征，参与农业生产的主体是数量众多的小规模家庭经营的分散农户，而非少数掌握大面积土地的规模化农场主。这样看来，通过城乡转移改变多数小农家庭，带动土地通过流转向少数农户手中集中，实现农业劳动生产率提高与农业适度规模经营，势必将是一个缓慢的、长期的过程，且必将受制于农村之外城镇化与工业化速度。若大农户相比小农户缺乏生产效率，我们是否应该在农业规模经营之外探寻将小农户与农业现代化连接的道路？

对于小大农户农业经营效率孰优孰劣，学术界至今仍无明确定论，难点在于：一是大小农户的界定标准不统一，缺乏足够经济学理论的逻辑支撑。二是对于农户农业生产率无法全面度量，导致大小农户之间、生产率之间难以进行有效比较。若比较农业生产效率，应以所有生产要素的生产率作为基础，而不能仅考虑某一种要素的生产率。但由于各种生产资源只有以价值形式才能加总，而加总时资源价格以及不同农户使用的固定成本计算起来存在极大困难，导致对所有生产要素实现度量是难以实现的。众多研究均表明，经营土地规模较大的农户相比小农户在农业土地产出率方面可能存在劣势，即农户土地要素产出率与经营土地规模存在反向关系，当农户经营土地规模不断扩大时，农业生产中单位面积产出会存在明显下降，从而推论大农户在耕地资源有效配置方面不如小规模农户具有效率。而且，小农户土地产出率水平相对较高，但其劳动生产率较低，劳动力资源特别是家庭劳动力资源存在着过度使用的现象，所形成的家庭劳动力“内卷化”投入与“自我剥削”同样是要素的无效配置表现（黄宗智，1992）。因此，对农业生产率与农户规模关系问题的考察，应立足于政策目标有的放矢，否则从不同侧面考察导致完全相异的结论会使研究无法形成一致结论。

考察土地产出率与农户土地规模之间的变化影响关系，对农业适度规模政策评价具有一定现实意义。适度规模化政策的目标首先在于实现农民增收，通过提高少数农户的土地要素富集程度，实现劳动生产率的提高，进而促进农户农业经营效益提升。若土地产出率与农户规模之间存在着负相关关系，则表明片面提高土地要素的劳均集中程度以实现劳动产出率的提高，却会导致土地资源的低效配置，对农业发展造成损害。农业适度规模化政策强调“适度”二字，应立足于区域农业禀赋条件与产业发展实际，以充分尊重农户自发意愿为前提，也是为了防止片面规模化造成土地非农化，对农业增产与农民增收造成伤害。土地产出率与农户土地规模关系研究结果，可以为农业规模经营中的“适度”性选择提供支持评价依据。

本章利用农村固定观察点数据库相关农户数据，发挥大数据优势，试图以我国种植业生产为例，对土地生产率与农户土地规模的关系问题展开实证研究，借以对农业适度规模经营政策进行评价。

本研究所要解答的问题在于：

第一，每亩土地收益与农户土地规模关系如何？两者是否存在反向变动关系？

第二，每亩土地收益与农户规模相关关系在粮食作物与非粮作物生产中的表现有何差别？

第三，每亩土地收益与农户规模的相互关系产生的原因是什么？

具体研究内容包括以下方面：

一是考察我国种植业生产经营活动中，农户家庭土地规模及成本收益状况。

二是分析现阶段我国种植业生产经营过程中，土地单位面积产出率（每亩总收入、每亩总成本、纯收入）与农户土地规模之间影响关系。

三是对土地生产率与农户土地规模之间的变动关系特征进行进一步检验，并对可能产生原因进行探索。

本章结构为：第一部分进行研究背景分析，提出研究问题、目标及内容结构；第二、第三部分利用2011年度固定观察点横截面数据，对我国种植业生产农户家庭土地规模情况与种植业经营收益情况进行描述性分析；第四部分运用局部加权散点平滑法，对我国种植业中农户土地产出率与土地规模之间相关性进行研究分析，重点考察两者的相关性变化特征；第五部分通过构造多元回归模型，对所发现的相关性特征进行统计检验，并对其可能产生的原因进行探索；第六部分基于前文研究结果提出结论。

二、农户家庭经营土地规模特征

（一）农户土地经营情况

从农户数量上看，2011年度，样本农户总数为19 926户。其中，年末有经营耕地农户14 879户，占比74.7%；有经营园地农户3 112户，占比15.6%。耕地与园地是种植业中土地投入的主要组成部分，若将耕地与园地合称为“土地”，那么年末有实际经营土地的农户共15 128户，约占农户总数的75.9%，即全体农户中约3/4农户实际经营耕地或园地资源。

（二）农户实际经营土地分布情况

如表6-1所示，整体上样本农户经营土地面积较小，实际经营耕地在农户间存在明显分化。合计15 156户家庭经营耕地总面积约为14万亩，户均耕地面积9.2亩，面积最大为285亩，最小为0.1亩。经营耕地面积最大的前5%农户，合计782户，户均面积达到59.3亩，合计经营耕地占到总面积1/3（33%）。前25%耕地面积最大的农户，户均面积24.5亩，合计经营约耕地总面积的2/3（68.3%）。规模降序排，占样本前一半数量的农户家庭，合计经营了耕地总面积的九成（87.3%）。样本中经营耕地面积最小的1/4家庭，最大经营面积为2.4亩，合计经营面积仅为总面积0.31%。经营耕地的分化可以被概括为“前1/20的农户经营着1/3的耕地，前1/4的农户经营2/3的耕地，后一半的农户共经营一成耕地”，可见在农业生产中土地资源占有使用在农户间存在严重分化。

（三）农户家庭承包地分布情况

如表6-2所示，家庭承包地面积分布不均，是农户实际经营土地面积明显分化的基础。在种植业生产以小规模家庭经营为主的格局下，农户家庭的耕地资源的基本构成仍以承包地为主，因此，承包地的分布格局基本奠定了农户实际经营耕地规模的分布现状。按耕地规模降序，前5%的农户承包经营着占总面积29.1%的耕地，前25%的农户合计承包经营总面积的66.5%，后50%的农户承包经营总面积的16.1%，后25%的农户承包经营总面积的4.5%，4项指标均接近并小于经营耕地面积下相应指标，这表明承包地相对实际经营土地在农户间的分布较为平均但总体一致，实际经营土地较承包地更为集中于少数农户家庭。我国历次土地承包经营制度均注重耕地资源的公平分配，因此，实际耕地面积在农户之间的分化根本上是由我国耕地资源区域间分布不均匀所决定的。农户间实际耕地面积分化略大于承包地分化程度，反映出随着劳动力人口向非农生产领域转移以及土地流转市场的健全完善，土地生产要素存在向少数规模生产户、农业专业生产户集中的特征。但总体上人多地少的国情没有根本改变，农业生产者中数量上占绝大多数农户家庭，仍面临着农业活动中土地生产资料匮乏的问题。

表6-1　经营耕地在农户之间的分化

户数		耕地				
最前（%）	户数（个）	总面积（亩）	构成（%）	户均面积（亩）	标准差	最小值
0.5	73	10 439	7.3	140.3	41.8	100
1	168	18 580.8	13.1	109.1	39	75
5	782	46 685.4	33.1	59.3	33.2	31

续表

户数		耕地				
最前（%）	户数（个）	总面积（亩）	构成（%）	户均面积（亩）	标准差	最小值
10	1 549	63 973.7	45.4	41.1	29.4	19
25	3907	96 112.2	68.3	24.5	23.4	9.6
50	7 836	122 241.6	87.3	15.6	18.8	4.8
75	11 703	135 754.8	96.9	11.6	16.4	2.4
100	14 879	140 401.7	100	9.2	15.0	0.1

表6－2　承包地在农户之间的分化

户数		耕地				
最前（%）	户数（个）	总面积（亩）	构成（%）	户均面积（亩）	标准差	最小值
1	141	10 885.2	10.7	77.2	18.1	52
5	710	29 678	29.1	41.8	20.6	24
10	1427	43 380.8	42.5	30.4	18.5	16
25	3666	67 821	66.5	18.5	15	8
50	6 790	85 554	83.9	12.6	12.7	4.2
75	10 405	97 390.8	95.5	9.36	11.2	2.2
100	13 815	101 954.7	100	7.38	10.4	132

三、种植业生产成本收益特征

（一）农户种植业经营总收益情况

种植业经营总收益情况如表6－3所示，基本情况如下。

首先，实际经营土地的农户家庭都进行种植业生产，一半以上种植业农户选择粮食与非粮食作物生产兼营。有经营土地的农户共有15 128户，纯粮食作物生产的专业化农户共3 739户，约占种植业农户总数的24.7%；纯非粮食作物生产的专业化农户共1 775户，约占种植业农户总数的11.7%；实行两类作物兼营的农户共9 553户，约占种植业农户总数的63.3%。

其次，种植业中两类作物经营的总收入基本相当，但非粮食作物经营风险高，潜在收益大。2011年度农户家庭平均种植业总收入为14 636元，户均粮食作物生产经营的总收入与非粮食作物生产经营总收入基本一致，分别为7 318.4元与7 317.6元。尽管平均值接近，但非粮作物总收入标准差约为粮食作物总收入标准差的2倍，最大值约为6倍，说明农户非粮作物经营收入分化程度相比粮食作物经营收入大，经营生产的风险与收益相对较高。

最后，粮食作物经营总成本略高于非粮作物。户均粮食作物总成本为2 717.1元，高出非粮作物总生产成本约400元。在总收入基本一致的情况下，粮食作物相对较高的生产成本导致纯收入水平低于非粮作物。对比两类作物可发现，粮食作物相比非粮作物经营的优势在于收益风险小，但劣势在于生产成本高，实际纯收入与潜在收益少。

表6－3　农户种植业经营总收益情况　（单位：元，户）

变量	观测值	均值	标准差	最小值	最大值
总收入 trvn	15 128	14 636.0	24 582.7	0	1 322 400
粮食作物收入 trvn1	15 128	7 318.4	11 223.2	0	202 800
非粮作物收入 trvn2	15 128	7 317.6	22 653.0	0	1 322 400
总成本 tcost	15 128	5 034.4	1 1807.9	0	658 470
粮食作物成本 tcost1	15 128	2 717.1	5 526.5	0	163 067
非粮作物成本 tcost2	15 128	2 317.3	10 474.9	0	658 470
纯收入 netr	15 128	9 601.7	15 395.0	－105 137	663 930
粮食作物纯收入 netr1	15 128	4 601.3	7 150.6	－107 828	172 701
非粮作物纯收入 netr2	15 128	5 000.4	14 275.0	－54 500	663 930

注：总收入、总成本变量出现0值的原因在于，很多种植业农户有播种面积记录，但却无收入、成本记录。

（二）农户种植业经营每亩收益情况

如表6－4所示，非粮作物亩均收入、亩均成本及亩均净收入均明显高于粮食作物对应水平。户均非粮食作物亩均总收入为2 638.8元，是粮食作物亩均总收入的3.2倍；非粮作物生产亩均总成本为646.8元，是粮食作物的2.2倍；非粮作物亩均纯收入为1 992元，是粮食作物的3.65倍。从收益率的角度看，非粮作物生产经营回报高，但风险大。一方面，种植业整体、粮食作物、非粮作物生产经营的平均成本收益率分别为3.1、2.4、和6.3，其中非粮作物经营回报最高，约为种植业平均水平的2倍，粮食作物的2.6倍（表6－5）。另一方面，非粮作物成本收益率标准差约为均值的3倍，高于粮食作物的1.5倍，说明非粮作物收益率分化程度较大。另外，非粮作物生产户中亏损户所占比例为2.1%，高于粮食作物的1.8%，证明其具有相对较高的经营风险。

表6－4　农户种植业经营每亩收益情况　（单位：元，户）

变量	观测值	均值	标准差	最小值	最大值
总收入 trvnpc	15 128	1 455.8	2 444.9	0	117 026.5
粮食作物收入 trvnpc1	13 296	837.1	595.6	0	23 000.0
非粮作物收入 trvnpc2	11 352	2 638.8	4 137.0	0	117 026.5

续表

变量	观测值	均值	标准差	最小值	最大值
总成本 tcostpc	15 128	433.9	996.9	0	59 360.0
粮食作物成本 tcostpc1	13 296	291.9	193.3	0	4 357.1
非粮作物成本 tcostpc2	11 352	646.8	1 500.3	0	59 360.0
净收入 netrpc	15 128	1 021.9	1 746.4	-4 732	58 754.9
粮食作物净收入 netrpc1	13 296	545.2	519.4	-2 312	23 000.0
非粮作物净收入 netrpc2	11 352	1 992.0	3 262.6	-25 660	108 953.3

表 6-5　种植业成本收益率情况

项　目	成本收益率					亏损情况（个）			
	观测值	均值	标准差	最小值	最大值	0 值	负值	-1 值	亏损面（%）
种植业 nc	15 001	3.1	8.4	-1	684	0	214	91	1.4
粮食作物 nc1	13 228	2.4	3.6	-1	186.5	3	233	104	1.8
经济作物 nc2	11 143	6.3	18.1	-1	680.9	7	232	98	2.1

四、农户种植业土地产出率与土地规模的关系

本小节利用 2011 年农村固定观察点数据，通过局部加权散点平滑法，对种植业中农户土地生产率相关性指标（每亩总收入、每亩总成本、以及每亩纯收入）与土地规模之间的相关关系进行描述性研究。本研究重点关注经营收益指标与土地规模相关性的变化特征，旨在反映两者相关性的变动趋势。

（一）研究方法概述

本研究采用局部加权回归散点平滑法，分析农户种植业经营收益与实际经营土地规模的变动关系。对于农业生产中农户经营收益与土地规模的关系的研究，目前主要采用多元回归的研究方法，利用样本直接考查两者之间是否存在线性相关关系，并验证其统计显著性。其优势在于可利用较小规模样本与较少信息，反映出变量之间的整体关系。而其不足之处在于仅能描述整体趋势，无法充分揭示两者之间可能存在的较为复杂的非线性关系，缺乏对变量之间较细致的动态变化特征进行分析描述。本研究利用局部加权回归散点平滑法，基于较大规模统计样本，试图对农户种植业经营收益率与经营土地面积关系进行研究，挖掘农户经营收益与实际经营土地规模的相互关系及变动趋势。

局部加权回归散点平滑法（locally weighted scatterplot smoothing，LOWESS 或 LOESS）是查看二维变量之间关系的一种有力工具。其主要思想是在全体样本中选取一定比例的局

部数据，在这部分子集中拟合多项式回归曲线，这样便可以观察到数据在局部展现出来的规律和趋势。随着将局部范围沿着某一变量从左往右依次推进，最终拟合出一条连续的曲线，充分反映出二维变量的相互影响。如果在指定的窗口宽度之内，拟进行平滑的数据点两侧的数据点数量是相等的，则为对称 LOWESS，如果两侧数据点不等，则为非对称 LOWESS。该方法可以过滤掉短期的波动特征，反映出长期的变动趋势与变量之间相互关系特征。此外，LOWESS 曲线的光滑程度与我们选取数据比例有关：比例越少，拟合越不光滑（因为过于看重局部性质），反之越光滑。

LOWESS 法的对于变动趋势的描述研究也存在着一些不足。首先，对于样本观测值数量要求较高。LOWESS 法实质是全样本下选取众多样本子集，形成局部进行多次一元回归并叠加，因此选择总体与局部的样本数量需达到一定规模，对二维变量相关程度的拟合才较为准确。其次，非对称 LOWESS 分析受样本自身分布影响大。较大规模样本的某一特征表现出某种分布，这样 LOWESS 法往往在样本分布稠密，对称数据较多的局部区间拟合值较可靠，曲线形态描述详尽；而在样本数量较少的区域形态描述粗略，拟合值受奇异值干扰大，易丧失可靠性。

（二）分析结果

1. 种植业中土地产出率与土地规模相关变动趋势

图 6 - 1 显示了种植业农户土地产出率相关指标，每亩总收入、每亩总经营成本以及每亩净收入与经营农户土地规模之间关系与变动趋势。其中，横轴为农户家庭种植业实际经营土地面积，纵轴反映农户家庭每亩种植业纯收入、每亩种植业经营总收入、每亩种植业经营总成本。

收入曲线表明，农户种植业经营每亩总收入、每亩纯收入与土地规模整体上存在持续负向关系，并伴有阶段性。在农户土地规模为 0 ~ 10 亩区间，收入随规模上升急剧下降；10 ~ 120 亩区间，随规模上升持续下降，但下降速率较前一区间明显减缓；120 ~ 150 亩区间，收入有所回升；150 亩后，收入随规模上升再度持续下降；至 220 亩规模，农户的每亩纯收入拟合值降为负值。①

每亩纯收入与每亩总收入曲线的斜率变化表明，10 亩规模前后范围为曲线斜率发生了显著变化的临界范围。在 0 ~ 10 亩规模区间，每亩净产出下降速率为 77. 9 元/亩，每亩总产出下降速率为 88. 8 元/亩。而进入 10 ~ 20 亩区间，相对应下降速率分别骤降至 7. 1 元/亩、2. 8 元/亩。此外，在 10 ~ 120 亩区间，每亩净产出与每亩总产出的平均下降速率分别为 6. 3 元/亩和 5. 4 元/亩，远低于 10 亩之前区间而较接近于 10 ~ 20 亩区间曲线斜率。

① 在高于 120 亩土地规模区间，种植业农户样本数仅为 44 户，且样本来源多来自于同一区域村庄。样本规模小且不具有典型性，使得 LOWESS 法所拟合的曲线关系并不可靠，因此对于 100 亩以上各生产率间相互关系，将在本文后续研究中另行讨论。

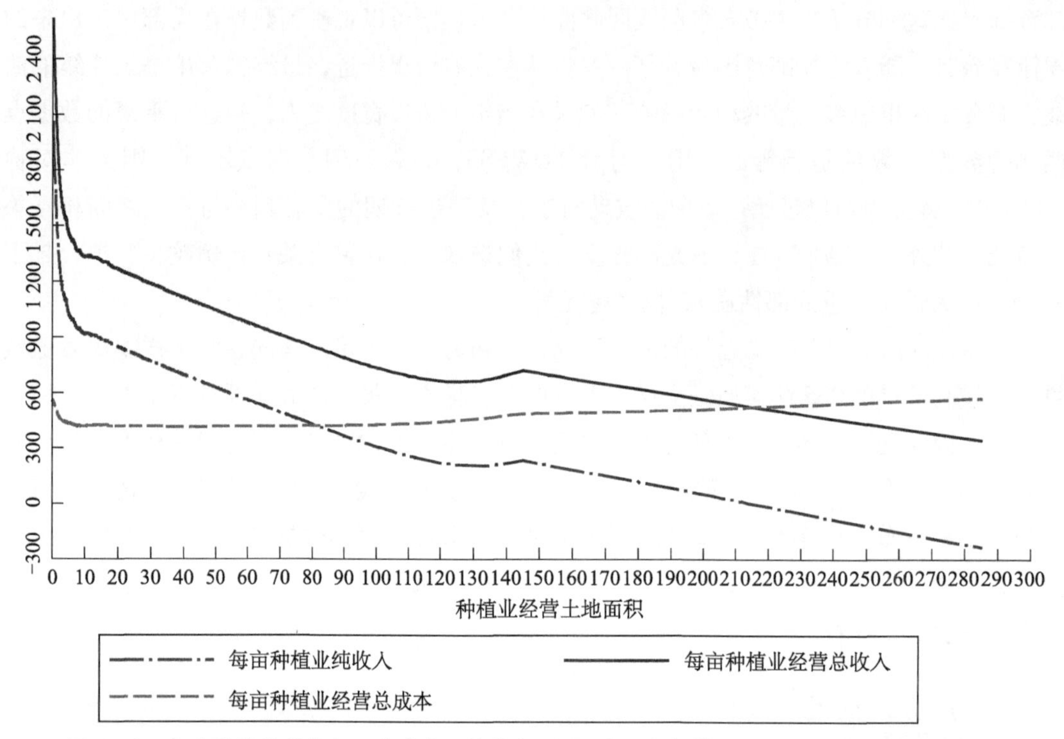

图 6-1　每亩种植业总收入、总成本、纯收入（元/亩）与经营土地面积（亩）的变动关系

不同于收入变动特征，每亩总成本随着经营土地规模扩大总体上呈现先骤减后慢增的变动趋势。0～10 亩区间，农户种植业每亩总成本随土地规模上升而下降，由 514. 6 元降至 433 元；10～120 亩区间，种植成本持续上升，由 417 元/亩上升至 433. 8 元/亩，但变动速率相比前一区间明显放缓。在 0～10 亩区间，每亩总成本的变化程度不如收入变化激烈，其下降速率仅为 10. 8 元/亩，远低于每亩纯收入与总收入的下降速率（表 6-6）。

综上分析，种植业亩均纯收入、亩均总收入随土地规模扩大的变动特征可概括为：以 10 亩规模作为临界值，变化特征具有阶段性；相比 0～10 亩规模农户，10 亩以上区间农户每亩净收入偏低，且随土地规模扩大下降速率显著放缓。亩均总成本变动则以 10～20 亩规模区间为拐点，随经营土地规模扩大呈现先减后增的形态。

表 6-6　种植业经营收益与土地规模关系　（单位：元，亩）

变量	数值						
实际经营土地面积	1	5	10	20	75	100	120
每亩纯收入	1 618. 9	1 021. 5	917. 5	846. 7	459. 9	307. 2	221. 7
每亩总收入	2 133. 5	1 456. 8	1 334. 7	1 307. 2	1 263	879. 2	740. 8
每亩总成本	5 14. 6	433	417	416. 9	418. 9	428. 2	433. 8

注：表中数值为各观测值对应 LOWESS 法拟合值的算术平均值，下表同。

2. 粮食作物、非粮作物生产中土地产出率与土地规模相关性变动趋势

每亩纯收入随土地规模的阶段性下降特征，在粮食作物与非粮食作物经营中均存在，

非粮食作物生产经营更为明显①。图 6－2 展示了非粮作物亩均纯收入、粮食作物亩均纯收入以及种植业整体亩均纯收入随农户土地规模扩大的变动特征。在 1～10 亩规模区间，随着土地规模上升，非粮食作物每亩纯收入由 2 740 元降至 1 830. 7 元，平均下降速率为 91 元/亩；而 10～120 亩规模区间，每亩纯收入由 1830. 7 元缓慢降至－13. 5 元，下降速率为 16. 8 元/亩。粮食作物"纯收入—规模"曲线整体上较非粮食作物平缓，在 1～10 亩区间随土地规模扩大亩均纯收入下降速率约为 14. 6 元/亩，而 10～120 亩区间下降速率缩小至 2. 7 元/亩。

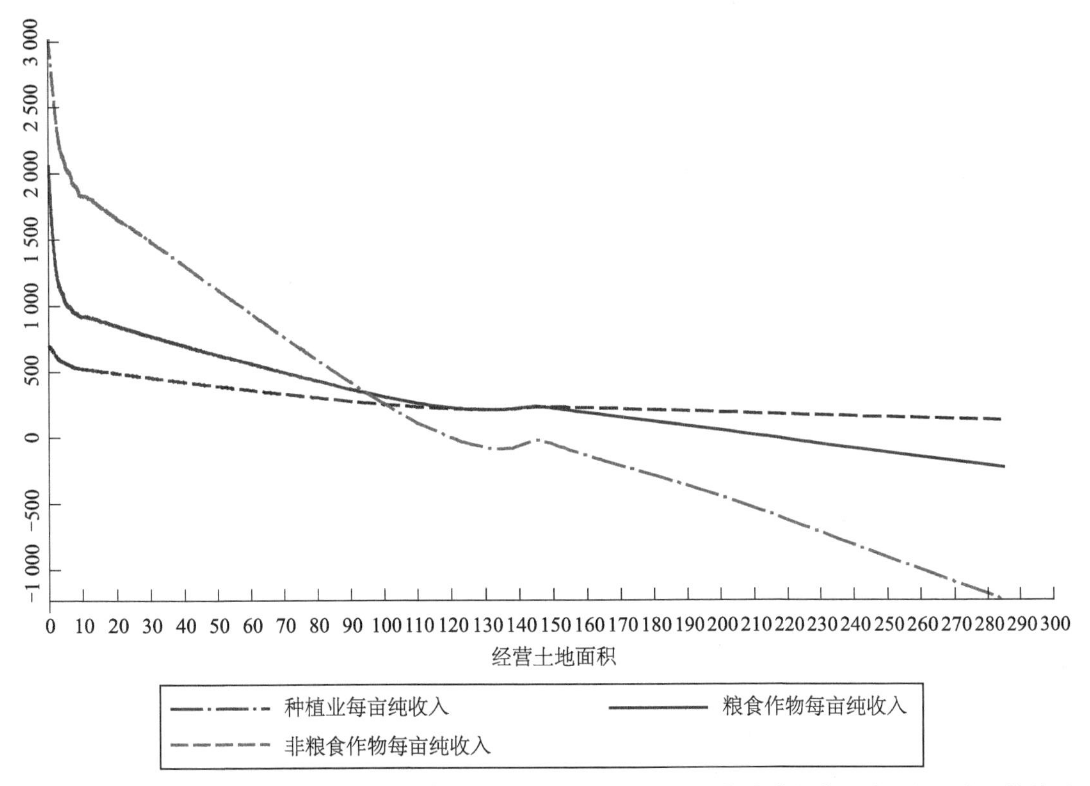

图 6－2　种植业总体、粮食作物、非粮食作物每亩纯收入（元/亩）与农户经营土地面积（亩）的关系

在土地规模较小时，非粮经济作物亩均纯收入远高于粮食作物，但由于前者较快的下降速率，农户土地规模 100 亩左右水平时，两种作物亩均纯收入以基本持平。农户实际生产经营面积达到 100 亩规模以上时，非粮作物的亩均纯收入水平将逐渐低于粮食作物。100 亩种植规模下，非粮食作物亩均纯收入仅为 1 亩时的 9. 1%，10 亩时的 13. 7%；相比而言，粮食作物种植规模达到 100 亩时，亩均纯收入水平约为 1 亩时的 37. 3%，10 亩时的 47. 7%。在现有生产技术条件下，较大规模下进行非粮作物生产经营不利于保持较高的产出效率（表 6－7）。

① LOWESS 法处理下，在非粮食作物与粮食作物生产过程中，各自亩均总收入、亩均总成本同存在随种植规模上升而阶段性下降的特征。曲线图显示，10 亩是阶段性变化的分界点，大体走向与种植业亩均总收入、总成本变化特征类似。

表6-7　种植业、粮食作物、非粮作物每亩净收入与土地规模关系　（单位：元，亩）

变量	数值						
实际经营土地面积	1	5	10	20	75	100	120
种植业	1 618.9	1 021.5	917.5	846.7	459.9	301.2	221.7
粮食作物	665.7	565.2	520.2	485.9	313.5	248.1	221.9
非粮食作物	2 740	2 064.7	1 830.7	1 661.8	672.9	250.1	-13.5

3. 阶段性负相关系变动趋势产生原因的假说

土地产出率与土地规模之间的反向关系，较多资料均进行过理论与实践层面的研究，但对于两者“折线形”阶段性变化特征研究论述较少。从样本特征看，实际经营耕地面积达到10亩或以上的农户，约占农户总数量的25%，10亩规模水平也高于9.6亩的样本户均规模。因此，10亩水平以上的农户可以被视为中等规模以上生产者，可以认为其资源禀赋、生产技术条件、生产组织条件等较10亩规模以下农户已发生变化。10亩规模前后农户采用的生产方式与技术特征发生了根本性变化，可能是导致反向关系发生显著改变的原因。

0~10亩区间农户以家庭劳动力与小型机械结合方式进行种植业生产，是这一区间反向关系较强的可能原因。土地规模为0~10亩的农户，以家庭劳动力进行生产为主，通过家庭劳动力与自有小型农用机械的紧密集合，开展精细化管理方式进行种植业生产。耕地面积微小的农户选择单纯家庭劳动力投入，与自有小型农用机械充分结合精细耕作，可最大限度的提高农产品单位面积产值，保持经营收益处于较高水平。由于家庭劳动力投入的数量一定，随着户均耕地面积扩张，无法保持精细管理的能力，有效管理水平下降造成了亩均产出水平出现下降。

10亩以上农户以应用相对较大型农业机械技术作为主要生产方式，可能是这一区间反向关系特征显著趋缓的原因。对于土地规模在10亩以上的农户，家庭劳动力的过密化投入逐渐结束，自有小型机械（以手扶拖拉机为代表）与家庭劳动力结合生产方式逐渐不适应大规模农业生产要求，不能实现有效管理，而更为广泛的机械化技术应用渐次成为主要生产形式，这可能是相关系数发生间断性变化原因。采用机械化技术能够降低农户生产成本，提高经营收益水平，对亩均收入的下降过程形成抵消作用，可能造成了10亩以上规模反相关系趋缓的原因。一方面，机械技术引入具有固定资产的不可分性，平均使用成本随利用率的递增而出现降低，能够抵消每亩纯收入随规模扩大的下降速度；另一方面，大中型机械技术引入往往意味着生产社会化程度加深，提高了规模化生产者分工协作程度，能够降低生产成本，亩均纯收入的下降形成抵消作用。上述两方面原因可能是10亩以上农户反向关系放缓的潜在原因。

五、亩均纯收入与土地规模反相关的实证检验

前文LOWESS方法勾勒出种植业、粮食作物、非粮食作物生产经营中，每亩净收入

（土地生产率）与农户土地规模之间的反向关系变动特征。本节试图通过构造计量模型对两者关系进行进一步实证研究，量化验证两者相互影响的统计显著性。构造计量模型进行分析目的，在于解决两方面问题：

其一，验证农户种植业、粮食作物、非粮食作物生产经营过程中，每亩净收入与土地规模之间是否以10亩规模为分界，存在阶段性负相关关系。

其二，考察劳动力数量与质量、机械投入、土地流转行为等因素对种植业每亩纯收入变动产生的影响，是否存在着阶段性变化。如果存在显著阶段性影响变化，则可支持以10亩为分界点，农户种植业生产技术方式发生改变的论断。

（一）模型设定

建立包含混合虚拟变量 D 的多元回归模型A：

$$Y_i = \alpha + \sum_j \beta X_{ij} + \sum_j \gamma D \times X_{ij} + \sum_k \delta Z_{ik} + \lambda D + \varepsilon_i$$

将模型A展开，并对其中主要连续变量 Y、T、L 进行对数化处理，建立包含混合虚拟变量 D 的多元回归模型B：

$$\begin{aligned}\ln Y_i &= \alpha + \beta_T \ln T_i + \beta_L \ln L_i + \beta_K K_i + \beta_R R_i \\ &+ \gamma_T D \times \ln T_i + \gamma_L D \times \ln L_i + \gamma_K D \times K_i + \gamma_R D \times R_i + \sum_k \delta Z_{ik} + \lambda D + \varepsilon_i\end{aligned}$$

对数化处理目的在于纠正样本数据右偏，使渐近满足正态分布，并削弱异方差带来的影响。经部分变量对数化处理的模型B，用以回归验证个解释变量的显著性程度；模型A用于估算各解释变量的经济学含义，并对模型B的回归结果形成补充比较。

（二）变量设定

模型A中，Y 为被解释变量，指农户家庭在种植业、粮食作物、与非粮食作物生产经营过程中每亩纯收入。主要解释变量 X，为生产技术要素相关变量，包括土地规模 L、劳动投入数量 T、机械技术行为 K、土地转入行为 R 等，用以考察验证可能的技术变迁对每亩纯收入的影响。其他解释变量Z，包括户主年龄、户主文化程度、专业职称、技术教育、农业培训等指标，多为劳动力素质特征，通过对其分析可从劳动力质量角度考察农户经营管理者对生产收益提高的潜在影响。此外，解释变量Z中还包括土地破碎化程度、农业专业化程度等指标，用以体现农户家庭经济特征。规模虚拟变量 D，通过考察各解释变量与 D 交叉项前相关系数统计特征，可以检验因变量与自变量之间相关性是否存在阶段性差异。变量设定的具体方法如表6－8所示。

表 6-8　变量与变量设定方式

变量	设定方式
Y_i	亩均纯收入。分别包括种植业每亩纯收入 Y1、粮食作物每亩纯收入 Y2、非粮食作物每亩纯收入 Y3，以 2011 年农户家庭种植业、粮食作物、非粮食作物纯收入（各作物总收入与总支出作差后求和）除以相应播种面积所得（单位：元/亩）
T	亩均劳动投入。用种植业、粮食作物、非粮食作物生产中劳动投入量除以相应播种面积求得，目的在于检验劳动力投入对种植业每亩纯收入的影响（单位：标准工作日）
L	土地面积。用农户 2011 年末实际经营的土地面积代表，其中既包括耕地面积，也包括园地面积，用以反映样本农户土地经营规模情况（单位：亩）
K	机械引入行为。用以讨论采用机械技术对每亩纯收入的影响，若农户在种植业、粮食作物生产、非粮食作物生产环节机械使用费用支出，则该变量为 1，其他为 0
R	转入土地行为。用以讨论土地流入行为对每亩纯收入产生的影响，若农户在种植业、粮食作物生产、非粮食作物生产环节土地成本费用支出，则该变量为 1，其他为 0
UI	农业专业化程度。用农户年末家庭农业经营性收入除以家庭总收入所得，以衡量农户农业生产专业化行为对每亩纯收入产生的影响，UI 越大说明农业专业化程度越高，越小则可说明该农户非农经济行为越活跃
SI	土地破碎化程度。用农户家庭实际经营土地总面积除以地块数所得，即平均每块耕地面积数，SI 越大说明破碎化程度越低（单位：亩/块）
Age	户主年龄。用户主年龄表示，以反映农户家庭经营者劳动力素质（单位：年）
Edu	文化程度。用户主在校年限表示，考察受教育程度对经营产出的影响（单位：年）
$Z1$	专业职称。若有专业技术职称则为 0，若无则为 1
$Z2$	技术教育。若接受过农业技术教育则为 0，若无则为 1
$Z3$	农业培训。若接受过临时性农业培训则为 0，若无则为 1
D	规模变量。用以验证 10 亩规模是否为分界值，造成相关关系的阶段性差异。若农户实际经营土地面积小于 10 亩则为 0，若大于或等于 10 亩，则为 1

（三）样本统计性描述

表 6-9 所显示的变量统计性特征，可直观反映出各指标在粮食作物、非粮作物以及种植业整体间的差异。

首先，农户的农业生产特征具有以下方面特点：一是非粮食作物生产经营效益优于粮食作物。前者亩均纯收入为 1 993.6 元，约为后者的 4 倍。二是非粮作物生产中劳动密集程度远高于粮食作物。前者亩均劳动投入平均达到 50 个标准工作日，而后者仅为 13 个标准工作日。三是粮食作物生产中机械技术密集程度高于非粮食作物。样本中 75% 的粮食生产户采用了农业机械技术，而这一比例在非粮食作物生产中仅为 50% 。结合劳动力投入与机械引用特征可以看出，非粮食作物生产仍具有典型的劳动密集特点，劳动力的作用难于被机械有效替代；而粮食作物生产机械化水平较高，对劳动投入形成了有效节约。四是土地转入行为所占总体比例较小。种植业平均仅有 8% 的农户有土地转入行为，绝大多数农户仍以经营自家承包地进行生产为主，而粮食作物中的比例为 6% ，略高于非粮食作物的 4% ，从侧面说明，非粮作物劳动力密集对管理水平要求高，规模扩张难度大，而粮食作物生产人力被机械替代程度高，规模扩张较易的特点。

其次，农户家庭劳动力素质与家庭基本情况则具有以下特点：一是从土地规模上看，土地面积指标反映出样本整体土地规模狭小。一方面，农户平均土地规模较小，仅为9.87亩；另一方面，大规模农户少，面积最大户仅为285亩，经营土地面积在10亩以上农户构成比例约为28%；此外，土地破碎化程度较高，平均地块面积为2.7亩，平均地块数约为3块。可见，样本不能反映出大规模农户与超大规模农户的生产经营状况，但也反映出我国主体数量农户仍出于小农生产阶段，如何帮助小农家庭实现农业增收更有现实意义。二是样本家庭总收入的主要来源为非农领域，样本农户农业收入占总收入比例平均值为0.43。三是农户家庭生产的组织管理者平均文化技能素养偏低。户主平均受教育年限为6.9年，可推定文化程度约为小学学历，有专业职称、接受过农业技术教育、进行过农业培训的户主比例约为6%、7%、12%，一系列指标反映出农业生产者以经验与“干中学”的方式指导生产，普遍缺乏农艺管理方面的文化专业知识。

表6-9　变量统计性描述

项　目	变量	观测值	平均值	标准差	最小值	最大值
种植业	亩均纯收入 Y_1	15 128	1 021.43	1 744.32	-4 732	58 754.9
	亩均劳动投入 T_1	15 128	21.96	115.41	0	13 450
	土地转入行为 R_1	15 128	0.08	0.28	0	1
	机械引入行为 K_1	15 128	0.68	0.47	0	1
粮食作物	亩均纯收入 Y_2	13 353	544.79	518.59	-2312	23 000
	亩均劳动投入 T_2	13 353	13.90	117.67	0	13 450
	土地转入行为 R_2	15 128	0.06	0.23	0	1
	机械引入行为 K_2	15 128	0.75	0.43	0	1
非粮食作物	亩均纯收入 Y_3	11 389	1 993.58	3 259.97	-25 660	108 953.3
	亩均劳动投入 T_3	11 389	50.0	64.67	0	1 833.3
	土地转入行为 R_3	15 128	0.04	0.19	0	1
	机械引入行为 K_3	15 128	0.50	0.50	0	1
劳动力与家庭特征	土地面积 L	15 128	9.87	15.35	0.1	285
	农业专业化程度 UI	15 118	0.43	0.36	0	1
	土地破碎化程度 SI	15 128	2.70	4.51	0.03	154.8
	户主年龄 Age	15 087	54.25	11.68	1	445
	文化程度 Edu	14 660	6.85	2.52	0	23
	专业职称 $Z1$	14 802	0.94	0.24	0	1
	技术教育 $Z2$	15 128	0.93	0.25	0	1
	农业培训 $Z3$	15 128	0.88	0.33	0	1
规模虚拟变量	规模变量 D	15 128	0.28	0.45	0	1

（四）实证研究结果

模型均采用稳健的标准差估计下最小二乘法进行回归，计量回归结果如表6-10。模型整体以及主要解释变量相关系数均具有统计上显著意义，各子模型能够捕捉到被解释变量与解释变量间明确的相互关系。但模型B中主要解释变量系数普遍偏小（小于0.4），说明变量相关关系虽统计上显著但程度上多为弱相关性。此外，两模型拟合优度偏低，缺失重要解释变量可能是导致该模型整体拟合优度差的主要原因，因此，模型仅能用于揭示变量间相关性，预测研究能力较差。表6-11根据表6-10回归结果，经过计算整理出具有统计意义的各解释变量相关系数。

实证回归结果表明：

第一，种植业生产经营过程确存在农户家庭每亩净收入随土地规模扩大而阶段性下降的反相关特征，10亩规模水平是阶段性变化的界值。从统计显著性上看，农户亩均纯收入随土地规模上升而下降的特征，在种植业整体以及非粮作物中较为显著，在粮食作物中并不明显。由模型B所示，土地规模与虚拟变量交叉项（D×L）相关系数分别为-0.18、-0.18与-0.16，均具有统计学意义。该结果表明10亩规模水平是土地规模与亩均净收入相互关系发生变化的分界值，无论是粮食作物还是非粮作物生产经营中，土地规模变动对亩均净收入的影响在0~10亩农户家庭组与10亩以上农户家庭组之间确存在差异。表6-10第1列中实际经营土地面积对每亩净收入水平的相关系数分别为-94.5与-10.5，说明每增加1亩土地，10亩以下农户每亩净收入下降94.5元，10亩以上土地规模农户下降10.5元，10亩以下农户亩均纯收入受规模扩大引发的下降影响大。

第二，粮食作物经营中，劳动力投入对每亩净收入的影响在10亩规模前后区间存在明显变化。表6-10第4、第5列中，劳动投入与虚拟变量交叉项（$D \times T$）的相关系数分别为-0.08和-0.07，具有统计学意义，说明种植业整体以及粮食作物生产经营中劳动力投入对亩均净收入的影响程度，在以10亩分界的农户组间存在差异，较大农户组中劳动投入对于产出的贡献下降了。而第6列对应相关系数没有显著的统计学意义，说明这种差异在非粮食作物生产经营过程中不存在。这一结果可能是由非粮作物生产经营劳动密集型的生产特性所决定的，即非粮作物生产技术对劳动投入量存在刚性需求，人工难以被机械技术取代或节约，因此，10亩规模上下的农户劳动密度与强度差异较小，劳动要素对产出的贡献在不同组别间一致；而粮食种植经营中，10亩规模以上农户亩均产出对劳动投入的依赖程度明显下降，劳动被机械等其他要素充分替代了。

第三，非粮作物生产经营中，机械技术对每亩净收入的影响在10亩规模前后区间存在明显变化。表6-10第4列与第6列中，机械变量与规模虚拟变量交叉项$D \times K$相关系数分别为0.1和0.09，在统计意义上显著。该结果说明在种植业与非粮食作物经营活动中，机械技术对于10亩以上规模农户亩均净收入提高具有正向作用，实际经营土地超过10亩非粮作物的农户若引入机械化生产技术，相比其他农户能够明显提高每亩净收入水平。该结果支持前文关于“机械技术引入是10亩以上区间农户每亩净收入随土地规模扩大下降速率放缓原因”的假说。

第四，土地流入行为对于每亩净收入的影响在10亩规模前后区间存在差异。表6－10第4列中，土地与虚拟变量交叉项 $D\times R$ 的相关系数为－0.08，在10%的显著性水平下具有统计学意义，说明土地转入行为对于每亩纯收入的影响在10亩前后农户组间存在差异。由表6－11种植业“土地转入”栏来看，土地流入行为对于两个规模组别农户每亩纯收入均具有正向关系，其中对于10亩以下农户家庭的正向关系更为明显。10亩规模以下有土地转入行为农户，相比其他农户，每亩纯收入高出近700元，这表明农户较高的亩均纯收入水平（较好的经营效益水平）会倾向于转入更多土地。虽然种植业中整体上土地流入行为与亩均收入存在明显的关联关系，但在粮食作物生产中土地要素追加对每亩纯收入并没有明显作用，每亩纯收入并不会不随土地规模扩大发生变化。

第五，农户的农业专业化行为、地块破碎程度较轻、户主受教育程度较高、接受农业技术培训均会促进每亩净收入上升。农业专业化行为对每亩净收入的贡献，在非粮作物生产经营过程中明显高于粮食作物，专业化生产对提高经济作物与园地作物的经营收益更有意义，同时非粮食作物相对较高的经济效益也可加强了生产专业化程度。土地平均地块面积越大对种植业、非粮作物生产经营具有正相促进作用，平均地块面积每上升一亩可分别提高亩均纯收入26元与40元。户主受教育程度上升，可明显提高经营收益水平，结果表明，受教育年限每提高1年，种植业与非粮作物经营亩均纯收入可分别提高41元与45元；未接受农业技术教育的户主，相比曾接受过技术教育的农户在种植业与非粮作物生产经营中亩均的纯收入水平低。

表6－10　亩均纯收入与土地规模关系模型回归结果

项　目	模型A			模型B		
	种植业	粮食作物	非粮作物	种植业	粮食作物	非粮作物
劳动 T	1.46	0.09	11.72***	0.47***	0.23***	0.57***
	(1.33)	(0.07)	(2.04)	(0.01)	(0.01)	(0.01)
规模—劳动 $D\times T$	32.82**	7.80***	11.44*	－0.08***	－0.07***	－0.04
	(14.98)	(1.74)	(6.03)	(0.02)	(0.02)	(0.03)
土地 L	－94.50***	－15.69***	－127.57***	－0.07***	－0.01	－0.10***
	(9.24)	(2.24)	(16.51)	(0.01)	(0.01)	(0.01)
规模—土地 $D\times L$	83.96***	13.85***	103.13***	－0.18***	－0.18***	－0.16***
	(9.23)	(2.21)	(16.60)	(0.04)	(0.03)	(0.04)
土地转入 R	698.86***	37.78	893.37***	0.25***	0.02	0.31***
	(163.33)	(37.52)	(343.54)	(0.04)	(0.04)	(0.06)
规模—转入 $D\times R$	－597.54***	－18.71	－386.78	－0.08*	0.05	－0.05
	(172.82)	(40.26)	(411.10)	(0.05)	(0.06)	(0.08)

续表

项 目	模型 A			模型 B		
	种植业	粮食作物	非粮作物	种植业	粮食作物	非粮作物
机械 K	−585.55 ***	−5.88	−125.69	−0.02	0.15 ***	−0.02
	(45.31)	(14.70)	(77.03)	(0.02)	(0.02)	(0.02)
规模 − 机械 $D \times K$	164.82 **	92.13 ***	−308.57 *	0.10 **	0.02	0.09 **
	(80.41)	(20.59)	(158.57)	(0.04)	(0.04)	(0.04)
农业专业化 *UI*	1 050.10 ***	119.62 ***	1 971.75 ***	0.67 ***	0.30 ***	0.65 ***
	(61.52)	(21.07)	(117.67)	(0.07)	(0.04)	(0.09)
土地破碎化 *SI*	25.96 ***	−2.23 *	39.78 ***	0.03 ***	0.004 *	0.03 ***
	(5.29)	(1.22)	(5.99)	(0.01)	(0.002)	(0.01)
户主年龄 Age	−1.87	−0.36	−6.84 **	−0.001	−0.001	−0.003 **
	(1.24)	(0.47)	(2.81)	(0.001)	(0.001)	(0.001)
户主教育 edu	41.26 ***	−0.07	45.35 ***	0.02 ***	0.01 *	0.02 ***
	(5.62)	(1.72)	(12.27)	(0.003)	(0.003)	(0.004)
专业职称 *Z*1	53.81	22.23	6.35	0.01	−0.001	−0.03
	(81.19)	(17.16)	(133.82)	(0.03)	(0.03)	(0.04)
技术教育 *Z*2	−19.37	−1.38	9.55	−0.10 ***	−0.02	−0.11 **
	(67.99)	(17.25)	(141.66)	(0.03)	(0.04)	(0.04)
农业培训 *Z*3	−93.44 *	62.01 ***	−126.72	0.09 ***	0.18 ***	0.02
	(54.94)	(15.65)	(112.40)	(0.03)	(0.03)	(0.03)
规模截距影响 *D*	−1 151.74 ***	−288.04 ***	−971.74 ***	0.68 ***	0.53 ***	0.52 ***
	(205.18)	(29.23)	(263.96)	(0.12)	(0.11)	(0.16)
截距项	1 160.75 ***	538.48 ***	1 278.78 ***	5.38 ***	5.43 ***	5.62 ***
	(152.65)	(39.40)	(292.07)	(0.08)	(0.08)	(0.11)
样本数	14 567	12 887	10 988	13 154	11 626	9 620
F 统计量	43.39 ***	30.67 ***	32.75 ***	254.21 ***	59.06 ***	253.76 ***
拟合优度 $aj—R^2$	0.11	0.04	0.13	0.34	0.09	0.38

注：***、**、* 分别表示 *t* 检验值在 1%、5%、10% 显著性水平检验，括号内为标准误。

表 6－11　各变量相关系数的测算

项目	规模	模型 A				模型 B			
		劳动	土地	土地转入	机械	劳动	土地	土地转入	机械
种植业	0～10 亩	------	－94.5	698.86	－585.55	0.48	－0.07	0.25	------
	10 亩以上	34.28	－10.54	101.32	－420.73	0.39	－0.25	0.17	0.08
粮食作物	0～10 亩	------	－15.69	------	------	0.23	------	------	0.15
	10 亩以上	7.89	－1.84	------	86.25	0.16	－0.19	------	------
非粮食作物	0～10 亩	11.72	－127.57	893.37	------－	0.57	－0.10	0.31	------
	10 亩以上	23.16	－24.44	------	－434.26	------	－0.26	------	0.07

注：虚线处表示该相关系数不具有统计显著意义。

六、小　结

本章利用 2011 年农村固定观察点数据库相关农户数据，试图以我国种植业生产为例，对土地生产率与农户土地规模的关系问题展开研究。在对样本农户所经营土地规模、种植业经营成本收益情况进行描述性分析的基础上，本研究运用局部加权散点回归分析法，对农户家庭种植业土地产出率（亩均总收入、亩均总成本、与亩均纯收入）与农户土地规模的相关影响与变动趋势特征进行了分析，通过建立计量回归模型对所发现趋势特征进行了统计检验，对特征产生的可能原因进行了探讨。主要研究结果如下所示。

第一，我国种植业生产中，农户家庭实际经营土地面积小，且耕地资源在农户间分布严重不均。前 1/20 土地规模最大的农户经营着占总面积 1/3 的耕地，前 1/4 土地规模最大农户家庭经营占总面积 2/3 的耕地，一半农户家庭合计经营耕地面积不足耕地总规模的一成。家庭承包地面积分布不均，是农户实际经营土地面积明显分化的基础，而我国耕地资源区域间分布不均是土地经营面积分化的根本原因。

第二，我国种植业、粮食作物、非粮作物生产经营的平均成本收益率分别为 3.1、2.4 和 6.3，非粮作物成本收益率相对粮食作物较高。虽然种植业中粮食作物与非粮作物经营户均总收入大体相当，但非粮食作物亩均收入、亩均成本、及亩均净收入均明显高于粮食作物对应水平。非粮食作物经营风险高，潜在收益大；粮食作物生产成本高，经营风险低。多数农户（63.3%）选择粮食作物与经济作物兼营生产，纯专业化的农户在粮食作物生产中的比例（24.7%）高于非粮食作物中的比例（11.4%）。

第三，种植业中土地生产率（亩均纯收入）与农户土地规模存在反向关系，并以 10 亩规模为分界线表现出阶段性变化的趋势特征。10 亩规模前反向关系较为陡峭显著，10 亩规模后反向关系趋缓。这种变动特征在统计上显著，且在非粮作物生产与粮食作物生产中均存在。

第四，以 10 亩规模为分界，种植业生产过程中劳动力投入、机械技术采用、以及土地转入行为对农户每亩纯收入的相关影响存在差异。以 10 亩为分界，种植业生产经营户，劳动力要素与其他要素技术匹配发生了变化，10 亩规模以上的种粮农户（相比 10 亩以下农户）劳动力投入在生产中的贡献显著下降，非粮作物经营户机械技术的产出贡献显著提高。农户生产专业化、降低地块破碎程度、提高受教育程度、接受农业技术培训均会对土地产出率（每亩净收入）提高起到促进作用。

我国种植业生产中，农户土地产出率与农户经营土地规模存在有统计学意义的反向关系特征，且以 10 亩规模为分界具有阶段性变化的趋势。这种变化趋势特征在粮食作物生产与非粮食作物生产中均存在。以 10 亩为分界，种植业中农户生产要素的产出弹性均发生了显著改变，农户采用不同的生产技术，特别是劳动与机械匹配上的差异是阶段化特征形成的原因。10 亩规模水平是粮食作物经营户家庭劳动力与自有小型机械结合生产方式实施有效生产管理的边界，也是非粮作物经营户有效管理由偏重劳动力投入，过渡到偏重机械投入的分界。

第七章　结论与政策建议

本研究利用全国固定观察点样本住户数据，并结合统计年鉴数据，采用统计分析方法与计量经济学方法，量化分析了土地规模、粮食价格及要素价格对农户种粮收益的影响。本文主要研究结论及其相关政策建议如下。

一、研究结论

1. 现阶段农户土地规模扩大能够提高农民的种粮收益

首先，土地规模扩大可以有效提高农户家庭的粮食产出水平，在价格不变的情况下，增加种粮收入的绝对值。尽管相比20世纪90年代，土地投入对粮食产出的贡献出现了下降，但现阶段仍贡献了粮食边际产量中的55%～70%，是决定农户家庭粮食产出水平高低的最主要因素。实际上，2003年之后粮食总生产增加的重要原因，便是种植结构调整导致耕地资源由豆类生产中流出，转入单产水平较高三大主粮生产。其次，小麦与玉米生产中存在着轻微的规模报酬递增现象，规模扩大一倍能够带给农户额外3%左右的产量，从而提高农户的净收益水平。第三，粮食生产的物质投入的平均成本存在随着土地规模扩大而下降的趋势，土地规模扩大有利于节约生产成本，提高农户的种粮净利润。在其他条件不变的情况下，土地规模上升100%，小麦、玉米和水稻平均成本的分别下降3.07%、6.07%和1.16%，其中，玉米的规模上升对成本的节约程度最高。

2. 农户土地规模扩大对小麦与玉米增产有利，但对稻谷增产不利

小麦、玉米和稻谷三种作物生产的规模报酬系数分别为1.031、1.028和0.951，小麦和玉米生产规模报酬递增，水稻生产规模报酬递减，数值变化幅度不大。若推动土地适度规模化经营，在现有的技术条件下，玉米与小麦生产可以保持产量的稳定增长；水稻生产会导致总产量低于一家一户分散生产的水平。此外，稻谷单产水平会随土地规模上升发生下降，小麦与玉米的单产会随土地规模上升微弱提高。在其他条件不变情况下，若农户家庭土地规模扩张一倍，水稻单产水平会下降6%，小麦和玉米的单产水平分别提高1.8%和2.4%。因此，在在现有技术条件下，推动适度规模化经营有利于小麦与玉米增产，而维持较小规模的家庭生产有利于稻谷产量的稳定。

3. 粮价上涨能够显著提高农户家庭的粮食产量，单一生产要素价格上涨会导致粮食减产，但抑制作用较低

经实证研究测算，2010 年三种粮食产出自价格弹性区间为 0.49 ~ 0.61，在其他条件不变的情况下，粮食价格提高一倍可带动产量上升 50% 以上。通过比较发现，2010 年相比 2003 年，粮食价格对稻谷和玉米增产的激励作用出现了上升，但对小麦增产的激励作用在下降。统计数据分析结果表明，2003 年之后稻谷玉米价格快速升高，而小麦价格上升速度缓慢，品种价格间增速的差异可能是造成供给反应不同的原因。单一物质投入要素的弹性普遍较小，化肥价格的影响程度较其他要素价格的影响略大，2010 年弹性为 -0.21，绝度值为各要素价格弹性最高。2010 年相比 2003 年，化肥价格对稻谷和玉米产量的影响程度在减弱，对小麦产量的影响程度在加强；机械使用价格对稻谷和玉米产量影响程度在上升，对小麦产量的影响程度在下降；种子价格对三种粮食产量的影响程度出现了提高，农药对粮食产量的影响程度整体影响较弱；其他投入的价格对稻谷生产的影响较为明显，稻谷生产对灌溉依赖较高是可能原因。

4. 价格对农户种粮收益的影响表现在要素投入的边际报酬率存在差异

首先，物质要素投入在小麦生产中回报价值较低，在玉米和稻谷生产中回报价值较高。2010 年，三种粮食生产中，额外投入一元物质要素平均可分别获得 1.08 元、1.90 元和 2.02 元。近年来，物质要素投入的平均边际报酬在稻谷与玉米中得到了改善，在小麦生产中却出现了恶化。其次，在稻谷和玉米生产中，种子与机械投入的边际报酬率较高，化肥和农药投入的边际报酬率较低。实证研究结果表明，进一步投入化肥与农药会对农户的玉米和稻谷生产收益带来亏损。机械与种子投入水平不断提高，产出贡献不断上升。统计数据分析结果显示，粮食生产的物质费用投入在 20 年中持续走高，其中机械和种子所占比例大幅度增加。对于产出弹性的测算发现，比较 20 世纪 90 年代，当今我国粮食生产中生化投入的贡献显著提高，劳动投入被资本要素替代。玉米和稻谷生产中，良种与机械化逐步替代了化肥对单产中提高作用。以上方面的发现均表明，机械与良种投入在促进粮食产出中的贡献在不断提高。从经济学的角度看，种子与机械投入较高的经济回报率，无形中吸引农户对其进行更多投资，可能是产生这一现象的部分原因。

5. 补贴金额对于农户种粮生产成本具有补偿作用，但对于农户粮食产量提高无显著促进作用

采用良种补贴有利于粮食增产，采用户比其他农户产量水平能够提高 4%；粮食直接补贴则对稻谷增产有微弱促进作用，却不利于玉米增产。相比价格系统对于粮食生产与种粮收益的影响，补贴所带来的影响程度整体上较弱。

6. 劳动力投入在粮食生产中的贡献并不显著，机械对劳动力投入的替代是重要原因

对于劳动力在粮食生产中的表现，包括三个方面：第一，统计数据表明，劳动力机会成本上升抬高了人工价格，造成种粮生产成本不断上扬，而粮食生产中对劳动力的需求数量在持续降低，机械要素投入程度大幅度上升。第二，微观研究表明，粮食生产中劳动力的需求多以家庭劳动力为主，仅部分稻谷生产中依赖雇工行为。第三，产出弹性估计值表明，劳动力投入对于粮食产出无明显作用。以上三方面发现可以看出，当今粮食生产中的劳动投入量很低，家庭劳动力可以满足投入需求，并有余力通过打工增加家庭收入，实行兼业经营。粮食生产中劳动产出弹性较低不应简单通过劳动力投入的绝对数量过剩加以解释，在机械化对劳动力替代程度显著提高的背景下，劳动力在粮食生产中的传统作用发生了转变。

7. 我国种植业人多地少的基本国情表现在在农户家庭实际经营土地面积小，且耕地资源在农户间分布来得不均

前1/20地规模最大农户家庭经营点占总面积2/3的耕地，一半农户家庭合计经营耕地面积不足耕地总规模的一成。家庭承包地面积分布不均，是农户实际经营土地面积明显分化的基础，而我国耕地资源区域间分布不均是土地经营面积分化的根本原因。

8. 种植业中农户每亩纯收入与农户经营土地规模存在着反向关系特征，且以10亩规模为分界具有阶段性特征

阶段性反向关系特征在粮食作物生产与非粮食作物生产中均存在。以10亩为分界，种植业中农户生首要素的产出弹性发生了显著改变，形成的原因在于不同地规模农户采用的生产技术，特别是劳动与机械投入匹配存在差异。10亩规模水平可能是粮食作物种植农户家庭劳动力与自有小型机械结合生产方式实施有效生产管理的边界，可能是非粮作物经营户有效管理由偏劳动投入，过渡到偏重机械投入的分界。

二、政策建议

1. 在对不同粮食作物进行区别的基础上，推动粮食生产的适度规模化经营

现阶段土地规模化经营在小麦和玉米生产中，能够实现种粮收益的提高以及粮食产量的稳定，在有条件的地区应鼓励倡导粮食生产的规模化。但土地规模扩大在稻谷生产中会造成规模报酬递减以及单产水平的下降，不利于保障粮食供应安全。因此，在粮食种植部门推动适度规模化经营，应考虑因地制宜，从作物品种的角度进行区分对待，提高粮食生产的管理水平，降低土地规模化对稻谷单产与规模报酬所带来的可能损失。

2. 完善粮食的最低收购价格与保护价格政策，发挥市场价格在种粮收益与粮食增产中的作用

研究表明，价格政策相比补贴政策对于种粮收益提高与粮食增产均具有优势。政府应考虑多方因素，不断提高粮食最低收购价格，发挥价格兼顾提高种粮收益与促进粮食增产的双重作用。同时，应引导控制生产资料价格的过快上涨对种粮收益与粮食产出的负面影响，避免市场波动带给粮食经营的风险，使农民的种粮收益保持在一个合理范围。无论净利润、利润率还是要素投入的边际报酬，均反映出小麦生产的经济效益明显低于玉米和稻谷生产。在价格调控的过程中，政府应着力提高小麦的收益水平，以维持促进小麦供给安全。

3. 进一步完善现行的粮食支持补贴政策，加大补贴力度特别是专项生产补贴力度

种粮补贴对农民的种粮积极性具有激励作用，能够部分补偿农民的种粮成本，提高农民的种粮收益，但支持补贴数量对粮食增产贡献并不显著。因此，应注重探索种粮补贴与粮食增产的挂钩机制，加强补贴实施的针对产量提高的政策效果。此外，专项补贴中良种补贴对于粮食增产具有显著积极作用，应进一步加大补贴力度并提高良种补贴的种粮标准，在维护种粮效益的同时促进粮食增产。

综上所述，政府应在有条件的地区推动粮食生产的土地适度规模经营，从价格与补贴两个方向上加强完善粮食生产支持政策，以此来提高农民种粮收益，保障粮食供给安全。粮食部门在农业部门乃至国民经济中位于基础地位，种粮收益问题不但与粮食安全问题紧密相关，还牵扯关联到农业经济中其他方面问题。应从构建新型农业经营政策体系的高度考虑，将相关多种政策统一起来，纳至统一框架下同步协调改革。

参考文献

阿弗里德·马歇尔著．章洞易译．2015. 经济学原理．北京：北京联合出版公司．
艾丽思·弗兰克.2006. 农民经济学：农民家庭农业和农业发展（第二版）[M]. 胡景北，译．上海：上海人民出版社．
陈慧萍，武拉平，王玉斌.2010. 补贴政策对我国粮食生产的影响——基于2004—2007年分省数据的实证分析[J]. 农业技术经济，(4)：100－106.
范垄基，穆月英，付文革，等.2012. 基于Nerlove模型的我国不同粮食作物的供给反应[J]. 农业技术经济，(12)：4－11.
郭淑敏，马帅，陈印军.2007. 我国粮食主产区粮食生产影响因素研究[J]. 农业现代化研究，28（1）：83－87
国家统计局．历年中国统计年鉴[M]. 北京：中国统计出版社．
国家统计局.2009. 新中国六十年统计资料汇编[M]. 北京：中国统计出版社．
国务院发展改革委员会．历年全国农产品成本收益资料汇编[M]. 北京：中国统计出版社．
国务院农村发展研究中心.1990. 土地规模经营论[M]. 北京：农业出版社．
汉密尔顿·劳伦斯顿.2008. 应用STATA做统计分析[M]. 郭志刚，等，译．重庆：重庆大学出版社．
韩学平.2010. 我国土地适度规模经营政策的历史演变与反思[J]. 科学社会主义，(2)：121－123.
何蒲明，黎东升.2009. 基于粮食安全的粮食产量和价格波动实证研究[J]. 农业技术经济，(2)：85－91.
胡瑞法，冷燕.2006. 中国主要粮食作物投入产出研究[J]. 农业技术经济，(3)：2－8.
胡小平，朱颖.2011. 种粮大户小麦生产成本收益情况分析——基于河南省许昌地区的实证分析[J]. 农村经济，(11)：67－70.
侯明利.2009. 中国粮食补贴政策理论与实证研究[D]. 无锡：江南大学．
黄宗智. 1992. 长江三角洲小农家庭与乡村发展[M]. 北京：中华书局．
贾兴梅.2012. 成本因素与种粮收益的弹性分析[J]. 新疆农垦经济，(12)：70－73.
蒋乃华.1998. 价格因素对我国粮食生产影响的实证分析[J]. 中国农村观察，(5)：14－20.
康磊.2012. 山东省粮食生产成本收益变化研究[D]. 济南：山东大学．
李谷成.2008. 基于转型视角的中国农业生产率研究[D]. 武汉：华中科技大学．
李靖，徐雪高，陈兰.2010. 农村劳动力就业对“十二五”时期农业与农村经济发展的影响研究[J]. 经济研究参考，(45)：2－13.

李宁 . 2008. 我国粮食生产成本变化的总趋势及其规律分析［J］. 价格理论与实践，(12)：46 - 47.

李鹏，谭向勇 . 2006. 粮食直接补贴额政策对农民种粮净收益的影响分析：以安徽省为例［J］. 农业技术经济，(1)：44 - 48.

李鹏，于淑敏，朱玉春 . 2011. 陕西粮食生产经济效益影响因素分析——以 1984—2008 年小麦为例［J］. 陕西农业科学，(3)：183 - 187.

刘凤芹 . 2006. 农业土地规模经营的条件与效果研究：以东北农村为例［J］. 管理世界，(9)：71 - 79.

刘俊杰，周应恒 . 2011. 我国小麦供给反应研究——基于小麦主产省的实证［J］. 农业技术经济，(12)：40 - 45.

刘俊杰 . 2008. 直接补贴政策对粮食生产和农民收入的影响［D］. 重庆：西南大学 .

刘连翠，陆文聪 . 2011. 粮食补贴政策的增产增收效应——基于农户模型的模拟研究［J］. 江西农业大学学报，10 (1)：60 - 66.

卢向虎，吕新业，李先德，等 . 2008. 小麦生产成本收益分析——基于河南省的调查［J］. 农业展望，(6)：51 - 54.

罗孝玲 . 2005. 基于粮食价格的我国粮食安全问题研究［D］. 长沙：中南大学 .

马晓河，马建蕾 . 2007. 中国劳动力到底剩余多少［J］. 中国农村经济，(12)：4 - 9.

马晓河 . 2011. 中国农业收益与生产成本变动的结构分析［J］. 中国农村经济，(5)：12 - 15.

马彦丽，杨云 . 2005. 粮食直补政策对农户种粮意愿、农民收入和生产投入的影响——一个基于河北案例的实证研究［J］. 农业技术经济，(2)：7 - 13.

闵锐 . 2011. 湖北省粮食种植收益的变动趋势和影响因素及政策建议［J］. 农业现代化研究，2011，l32 (5)：569 - 572.

欧文・费雪著 . 谷宏伟译 . 2015. 资本和收入的性质［M］. 北京：商务印书馆 .

彭克强 . 2009. 中国粮食生产收益及其影响因素的协整分析——以 1984—2007 年稻谷、小麦、玉米为例［J］. 中国农村经济，(9)：112 - 124.

钱贵霞 . 2005. 粮食生产经营规模与粮农收入的研究［D］. 北京：中国农业科学院，2005.

任治君 . 1995. 中国农业规模经营的制约［J］. 经济研究，(6)：54 - 58.

萨缪尔森 . 2010. 微观经济学［M］. 北京：人民邮电出版社 .

舒尔茨・西奥多 . 2006. 改造传统农业［M］. 梁小民，译 . 北京：商务印书馆 .

宋伟，陈百明，陈曦炜 . 2007. 东南沿海经济发达区域农户粮食生产函数研究——以江苏省常熟市为例［J］. 资源科学，29 (6)：207 - 209.

苏旭霞，王秀清 . 2002. 农用地细碎化与农户粮食生产——以山东省莱西市为例的分析［J］. 中国农村经济，(4)：36 - 38.

孙娅范，余海鹏 . 1999. 价格对中国粮食生产的因果关系及影响程度分析［J］. 农业技术经济，(2)：36－38.

田新建.2005. 中国粮食生产成本研究［D］. 北京：中国农业科学院.

王德文，黄季焜.2001. 双轨制度下中国农户粮食供给反应分析［J］. 经济研究，(12)：55－65.

王姣，肖海峰.2006. 中国粮食直接补贴政策效果评价［J］. 中国农村经济，(12)：4－12.

王莉，苏祯.2010. 农户粮食种植与粮价的相关性研究——基于全国农村固定观察点的农户调查数据［J］. 农业技术经济，(9)：90－96.

吴连翠，陆文聪.2011. 粮食补贴政策的增产增收效应——基于农户模型的模拟研究［J］. 江西农业大学学报（社会科学版），10（1）：60－66.

吴连翠，谭俊美.2013. 粮食补贴政策的作用路径及产量效应实证分析［J］. 中国人口·资源与环境，23（9）：100－106.

吴桢培.2011. 农业适度规模经营的理论与实证研究［D］. 北京：中国农业科学院.

肖琴.2011. 粮食补贴政策效应研究［D］. 武汉：华中科技大学.

亚当斯密著. 郭大力，王亚南译. 1974. 国民财富的形式和原因研究［M］. 北京：商务印书馆.

许庆，尹荣梁，章辉.2011. 规模经济、规模报酬与农业适度规模经营基于我国粮食生产的实证研究［J］. 经济研究，(11)：59－71.

臧文如，傅新红，熊德平.2010. 财政直接补贴政策对粮食数量安全的效果评价［J］. 农业技术经济，(12)：84－93.

张红宇.1994. 中国农民与农村经济发展［M］. 贵州：贵州人民出版社.

张光辉.1996. 农业规模经营与提高单产并行不悖［J］. 经济研究，(1)：55－58.

曾福生，戴鹏.2011. 粮食生产收益影响因素贡献率测度与分析［J］. 中国农村经济，(1)：66－76.

张照新，陈金强.2007. 我国粮食补贴政策的框架、问题及政策建议［J］. 农业经济问题，28（7）：11－16.

张治华.1997. 价格对我国粮食生产影响的实证分析及政策建议［J］. 中国农村经济，(9)：11－18.

钟玲，黎东升，游风.2012. 粮食直接补贴政策对粮食生产影响的实证研究［J］. 长江大学学报，(11)：25－29.

中国土地制度课题组.1991. 中国农户土地经营规模问题的实证研究［J］. 中国农村经济，(9) 41－44.

朱希刚，钱伟曾.1990. 农户种植业规模研究［J］. 农业经济问题，(7)：31－34.

Antle J. 1983. The structure of U. S. agricultural technology［J］. American Journal of Agricultural Economics，66：414－421.

Binswarger H. 1974. The measurement of technical change biases with many factors of production

[J]. American economic review, 64: 964 – 976.

Chatka S, Seale J. 2001. Supply response and risk in Chinese agriculture [J]. The journal of development studies, 37 (5): 141 – 150.

Chen Z, Huffman W E, Rozelle S. 2009, Farm technology and technical efficiency: Evidence from four regions in China [J]. China Economic Review, 20 (2): 153 – 161.

Cornia G A. 1985. Farm size, land yields and the agricultural production function: an analysis for fifteen developing countries [J]. World Development, 13 (4): 513 – 534.

Fan S. 1991, Effects of technological change and institutional reform on production growth in Chinese agriculture [J]. American Journal, 88: 707 – 726.

Feder G, Lau L J, Lin J Y, *et al.* 1992, The determinants of farm investment and residential construction in post-reform China [J]. Economic Development and Cultural Change, 41 (1): 1 – 26.

Fleisher B M, Liu Y. 1992. Economies of scale, plot size, human capital, and productivity in Chinese agriculture [J]. Quarterly Review of Economics and Finance, 32 (3): 112 –23.

Hayami Y, Ruttan V. 1985. Agricultural Development: An International Perspective [M]. Baltimore: Johns Hopkins University Press.

Richard E. J. 1993. Articles and notes discovering production and supply relationships: present status and future opportunities [J]. Review of marketing and agricultural economics, 61 (1): 11 – 40.

Li G. 1985. Robustregression, in exploring data tables, trends and shape [M]. New York: John Wiley & Sons.

Lin J Y. 1992. Rural reforms and agricultural growth in China [J]. American Economic Review, 82 (1): 34 – 51.

Mcfadden D. 1978. Cost, revenue and profit functions, in production economics: a dual approach to theory and applications [M]. New York: North-Holland.

Nguyen T, Cheng E, Findlay C. 1996. Land fragmentation and farm productivity in China in the 1990s [J]. China Economic Review, 7 (2): 169 – 180.

Rozelle S, Huang J. 2000. Transition, development and the supply of wheat in China [J]. The Australia Journal of Agricultural and Resource of economics, 44: 543 – 571.

Sherphard R. 1953. Cost and Production functions [M]. Princeton: Princeton University Press.

Wan G H, Cheng E. 2001. Effects of land fragmentation and returns to scale in the Chinese farming sector [J]. Applied Economics, 33: 183 – 194.

Wan G H, Anderson J R. 1990. Estimating risk effects In Chinese foodgrain Production [J]. Journal of Agricultural Economics, 41 (1): 85 – 93.

Wu Z, Liu M, Davis J. 2005. Land consolidation and productivity in Chinese household crop production [J]. China Economic Review, 16: 28 -49.

Yu B, Liu F, You L. 2011. Dynamic agricultural supply response under economic transformation: a case study of Henan, China [J]. American journal of agricultural economics, 94: 370 -376.

Zhuang R, Abbott P. 2007. Price elasticities of key agricultural commodities in China [J]. China economic review, 18: 155 -16.